青少年安全丛书
QINGSHAONIAN ANQUAN CONGSHU

青少年不可不知的
公众安全应急措施
QINGSHAONIAN BUKEBUZHI DE GONGZHONG ANQUAN YINGJI CUOSHI

主编 梁培禾 郑秀惠

西南师范大学出版社
国家一级出版社 全国百佳图书出版单位

图书在版编目(CIP)数据

青少年不可不知的公众安全应急措施 / 梁培禾,郑
秀惠主编. ——重庆:西南师范大学出版社,2013.6(2018.9重印)
ISBN 978-7-5621-6281-0

Ⅰ.①青… Ⅱ.①梁… ②郑… Ⅲ.①安全教育—青
年读物②安全教育—少年读物 Ⅳ. ①X925—49

中国版本图书馆 CIP 数据核字(2013)第 128353 号

青少年不可不知的

公众安全应急措施

主 编 梁培禾 郑秀惠

策　　划:刘春卉　杨景罡
责任编辑:曾　文
插图设计:张　昆　蔡平祥
装帧设计:曾易成
出版发行:西南师范大学出版社
　　　　　地址:重庆市北碚区天生路 2 号
　　　　　邮编:400715　市场营销部电话:023-68868624
　　　　　http://www.xscbs.com
经　　销:全国新华书店
印　　刷:重庆荟文印务有限公司
幅面尺寸:142mm×210mm
印　　张:7.5
字　　数:130 千字
版　　次:2015 年 8 月　第 1 版
印　　次:2018 年 9 月　第 8 次印刷
书　　号:ISBN 978-7-5621-6281-0

定　　价:17.00 元

　　衷心感谢被收入本书的图文资料的原作者,由于条件限制,暂时无法和部分作者取得联系。恳请这些作者与我们联系,以便付酬并奉送样书。

序 言

　　青少年朋友们，感谢你们翻开这套丛书，我也很高兴能够将其介绍给大家。

　　青少年能够身体健康、心情愉悦、才干增长是我们的共同期待，然而，我们成长在这样一个时代：一方面，食物种类琳琅满目、电子产品更新超快、立体交通四通八达、互联网络信息海量；另一方面，食品安全事件层出不穷、电子辐射无处不在、交通事故频繁出现、网络信息参差不齐。不仅如此，传染病和自然灾害也时有发生。作为青少年，在汲取当今社会物质和精神营养的同时，往往也是最容易受伤的人。

　　我不禁想到了一名新西兰 10 岁女孩蒂莉·史密斯的故事。2004 年 12 月 26 日早晨，正在泰国普吉岛度假的小女孩全家到海滩散步，史密斯看到"海水开始冒泡，并发出像煎锅一样的咝咝声"。凭借此前所学的地理科普知识，她迅速作出这是海啸即将到来的判断。于是，她大声向人们呼喊"海啸要来了"，不但救了她自己和父母，而且挽救了普吉岛麦考海滩附近 100 多人的生命。

　　因此，我们应该向这个新西兰小女孩学习，"安全第一，预防为主"这句话绝对不只是口号而已。面对当今社会一些复杂问题和突发安全事件，你们准备好了吗？

去年这个时候，作为一名医科院校公共卫生教师，我很荣幸地接受了西南师范大学出版社职业教育分社的邀请，成为该丛书的主编，并组建了由高校、医院和食品药品监督管理局的一线专家组成的编写团队，确保丛书内容的科学性。另外，为了增加丛书的趣味性、可读性、科普性，特邀了医科大学部分研究生和本科生参加编写。

　　丛书内容主要涉及食品安全鉴别方法、应急救护避险方法、网络安全、交通安全、防辐射知识、自然灾害自救方法、传染病防治方法、公众安全应急措施等八个方面，即分别是《青少年不可不知的交通安全》《青少年不可不知的网络安全》《青少年不可不知的防辐射知识》《青少年不可不知的自然灾害自救方法》《青少年不可不知的应急救护避险方法》《青少年不可不知的食品安全鉴别方法》《青少年不可不知的传染病防治方法》《青少年不可不知的公众安全应急措施》八本。

　　丛书以与青少年密切相关的有关安全事故的案例来组织编排，以提问的方式指出安全事故模块中错误或不当的做法，并提出如何正确操作的互动讨论，同时通过"加油站"和"专家引路"来进行科学性知识的解读，用"我来体验"操作练习来提高青少年安全应对意识和技能。

　　本丛书的主体对象是青少年，当然，也希望教师以及学生家长能够飨读。

　　然而，由于各方面的原因，本丛书仍有很多不足之处，希望广大读者给予宝贵意见和建议，以进一步完善该套丛书。

赵　勇
2012 年 12 月 8 日于美国辛辛那提大学

前　言

　　当遇到灾害、意外事故或其他危险时,你知道该怎么办吗?你敢说我能行吗?还有人认为,公共安全、应急救护避险是成年人的事情,我们青少年有必要去学习吗?让我们先来看看下面这些活生生的例子吧!

　　相信大家对 2008 年 5 月 12 日这个特殊的日子还记忆犹新,那一天汶川发生了大地震,学校、图书馆等公共建筑倒塌后很多生命停留在了天真的童年、浪漫的青春,那些景象至今仍是我们挥不去的梦魇。反观我们的邻国日本,作为一个地震多发的岛国,地震所导致的人员伤亡数量却与我们有着天壤之别。还有发生在 2010 年 3 月 23 日福建南平市延平区实验小学门口的惨案,歹徒挥刀砍向上学的孩子,仅仅 5 分钟,就有 8 条幼小的生命永远也无法走进他们熟悉的课堂了。

　　另一个例子,美国的一名叫阿伦·拉斯顿的青年,在 2003 年 4 月 26 日登山时掉入峡谷,右臂被巨石压住,他没有惊慌,在等待救援 5 天无望的情况下,镇定地利用随身携带的小刀将自己的右臂切断,清醒地为断臂扎上止血带,涂上抗菌药膏,饮用泉水后走出大山获救。阿伦的故事还被好莱坞拍成了电影《127 小时》,获得 6 项奥斯卡提名。

　　地震中,我们的孩子伤亡惨重,固然有建筑质量、组织管理等问题;在刀下逝去的幼小生命,固然首先要谴责的是疯狂的歹徒,但如果青少年平时能够接受良好的灾害意外应急训练,能够处变不惊、灵活应对,谁敢说结果不会改变呢?据报道,北京急救中心曾向市民免费开办急救知识培训班,第一期 44 人中,20 岁以下的仅有 2 人参加;学校平时进行的防火、紧急疏散等演习,也常常成为“演戏”,家长们往往认为多此一举,青少年更是未能正确面对。而在日本,除了加强建筑物抗震能力外,小学,甚至幼儿园里的孩子就开始接受严格的地震避险

训练，所以多年以来，地震造成的伤亡越来越少。欧美等发达国家社会及学校都非常重视应急救护知识普及工作，即便是小学生，也要参加心肺复苏、事故急救等技术的初步学习；美国青年能够成功自救，也与他们平时所受的训练是密切相关的。

现在生活节奏日益加快，一连串的公共安全和卫生突发事件，都指向了青少年，这不仅给成长中的他们的身体和心理带来巨大的伤害，而且对父母、家庭也会带来难以估计的打击。青少年发生危险时，很多情况下成人都不在场，专家也不可能随时随地指导我们应对各种危险，这时该怎么办呢？如何最大限度地减小损害的后果呢？遗憾的是，我国目前针对青少年的应急避险培训还非常缺乏。

其实，从上面这些案例不难看出，安全就在我们自己的心中和手中，能够识别危险、主动避险，并具有一定的救护知识，结果显然是不一样的。只要我们能在日常生活中不断学习、积累丰富的公共安全等相关知识，就能获得应对各种危险的技能，并且养成良好的心理素质，时刻为最糟糕的事情做好准备。在灾害和事故来临时，有责任心，有灵活的应急反应能力，正确评估，从容应对，措施得当，就能够将危害程度降到最低，保证自己的生命安全和健康成长，并在他人需要帮助的时候伸出援手。

此外，相比上了岁数的人，青少年学习能力强，学习速度快，一旦学会了就很难忘记，因此，更应该学习公共安全相关知识。这样，不仅自己终身受益，而且能够在更大限度上帮助周围的人。

因此，我们编写了这本书，内容虽然简单，但希望青少年能在阅读之后有所受益，能够掌握必要的识别灾害、事故，或其他危险的知识，还能学到一些紧急避险救护的知识。当面对各种意外时，希望青少年能利用书中所知减少损失，确保自己的生命安全，并帮助他人度过风险。当然，我们也欢迎各位家长能够和孩子们一起阅读本书，给孩子们必要的指导。同时，大家如能够对本书谬误之处提出宝贵的意见，也是对我们莫大的帮助。

目录

第一部分
应急常识篇

我们在生活中可能随时随地遇到各种灾害、事故，专家却不可能随时随地指导我们应对各种危险，这时该怎么办呢？其实，安全就在我们自己的心中，只要我们能在日常生活中不断学习、积累有关知识，时刻为最糟糕的事情做好准备，在灾害和事故来临时有责任心，正确评估、从容应对、措施得当，就能够将危害程度降到最低，从而挽救生命，保护财产。

好了，就让我们从一些关于安全应急的常识开始吧！

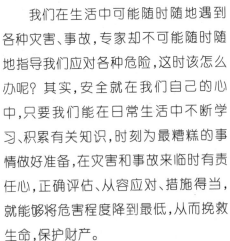

案例

2012年1月3日,《工人日报》发表了一篇文章,记者在北京市一所小学门口做随机调查,问到如果同伴遇到车祸怎么办,发生交通事故怎样进行自救等问题,几名小学生一脸茫然。记者调查北京多所中小学后发现,学生普遍缺乏安全应急自救知识。不仅仅是中小学生,大学生懂得自救常识的也极少,例如,2008年11月14日,上海一所大学宿舍四个女生违规使用"热得快",酿成火灾,束手无策的情况下,四人从阳台逃生,结果全部坠楼而亡。

思考讨论

我们生活在社会的大家庭里,当我们遭遇一些安全危机时,我们该如何识别它呢? 当我们正确识别时,我们又该怎样发出求救信号使自己得救呢? 惨痛的教训告诉我们,学习安全应急知识,就是对生命的敬畏和负责。

知识加油站

1.什么是警报系统

警报系统是指发生或可能发生突发事件时,通过广播、电视、报刊、通信、信息网络、警报器、宣传车或组织人员逐户通知等方式报警的机制。

2.预警信号

依据突发公共事件可能造成的危害程度、发展情况和紧迫性等因素,可将预警信号由低到高划分为一般(Ⅳ级)、较重(Ⅲ级)、严重(Ⅱ级)、特别严重(Ⅰ级)四个级别,依次采用蓝色、黄色、橙色和红色来加以表示。以下是与我们的生活密切相关的一部分信号标志。

(1)台风预警信号

(2)暴雨预警信号

(3)高温预警信号

（4）低温预警信号

（5）寒潮预警信号

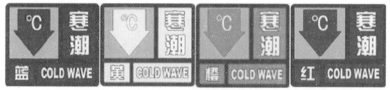

（6）暴雪预警信号

（7）大风预警信号

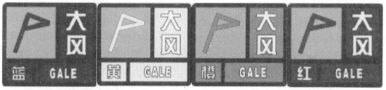

5

（8）冰雹预警信号

（9）大雾预警信号

（10）灰霾预警信号

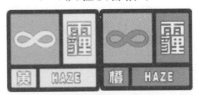

（11）霜冻预警信号

（12）雷电预警信号

（13）干旱预警信号

（14）道路结冰预警信号

（15）沙尘暴预警信号

（16）雷雨大风预警信号

（17）火险预警信号

（18）干热风预警信号

专家引路

遇到危险可使用的求救信号

1. 火光信号

尽量选择开阔地带,点燃三堆篝火,火堆摆成等边三角形;此方法用在夜晚较为有效。

2. 浓烟信号

如果在晴朗的白天,有时点燃火堆在距离较远时就难以发现,可在火堆中添加绿草、潮湿的树枝等,产生浓烟,使较远的人能够发现。

3．旗语信号

将色彩鲜艳的布料系在木棒一端,挥舞做"8字"运动。

4．反光信号

寻找镜子、金属片、玻璃等可以反光的物品,将阳光反射出去,以引起人们的关注。

安全小贴士

遇险求救电话

110:刑事、治安案件,群体性事件,自然灾害等报警电话

119:火灾事故报警电话

122:交通事故报警电话

120:医疗急救中心电话

12319:城建服务热线

12395:水上搜救电话

95598:电力客服中心电话

12119:森林火灾报警电话

第二部分
自然灾害篇

　　什么是自然灾害呢？小学时老师就给我们讲过"自然界"的概念，自然界的一些异常变化，可能导致人员伤亡、财产损失、资源破坏，从而影响社会稳定，这就形成了自然灾害。首先，自然灾害是自然界发生的变化，如地壳运动形成地震、大气流动形成风暴等等。其次，人类不断通过"劳动"改造着自然界，也可能诱发自然灾害，或者加重它的破坏力，如乱砍滥伐对植被的破坏就可能导致干旱、洪涝、风暴等灾害。

　　如何才能将自然灾害对我们人类的影响降到最低呢？我们应该努力学习，了解自然界，从科学的意义上认识这些灾害的发生、发展过程，学会与自然界和谐相处；学会在自然灾害发生后正确应对，将危害降到最低。下面就让我们一起学习如何应对几种常见的自然灾害吧！

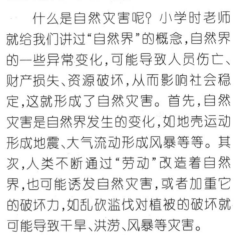

一、地震——大地的颤抖

案例

2008年5月12日,四川省汶川县发生了8.0级大地震,映秀镇渔子溪小学二年级学生林浩还未来得及跑出教学楼,便被压在了废墟之下。此时,身为班长的小林浩表现出了与年龄所不相称的成熟和镇定,他在下面组织同学们唱歌,安慰因惊吓过度而哭泣的女同学。经过两个小时的艰难挣扎,身材矮小而灵活的小林浩终于自救成功,爬出了废墟。但此时,小林浩的班上还有数十名同学被埋在废墟之下,9岁的小林浩没有像其他孩子那样惊慌地逃离,而是又镇定地返回了废墟,将压在他旁边的两名同学救了出来。

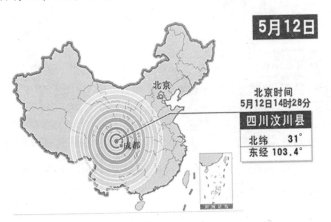

同学们，如果遇到地震，我们该怎么办？

什么是地震？

地震是地壳集聚的构造应力，也是在能量突然快速释放的过程中，产生震动弹性波，从震源向四周传播引起的地面震动。地震不仅会造成财产损失，更严重的是建筑物倒塌可能导致人员伤亡。

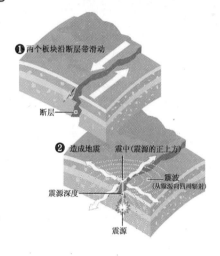

❶ 两个板块沿断层带滑动

断层

❷ 造成地震

震中(震源的正上方)

震波(从震源向四周辐射)

震源深度

震源

遇到地震时应该怎么办？就让专家来告诉大家吧！

（1）镇静最重要，撤离时要有秩序，避免拥挤乱跑，发生挤伤踩踏等，否则会影响撤离速度。

（2）如在建筑物中，楼层不高，可迅速头顶保护物跑到室外空旷地带；来不及跑出去时，要迅速关掉电源，就地选择遮挡物避震，如机器、设备、桌下、床下或其他坚固的家具旁，或跑到厨房、浴室、厕所、楼梯间等小而不易塌落的空间避险；要远离外墙、门窗和阳台；更不能跳楼。不要使用电梯，如正

12

在电梯中,应按下所有楼层按钮,电梯一旦停下,迅速撤离。

（3）在室外活动时,应注意保护头部,迅速跑到空旷地带蹲下;尽量避开高大建筑物、立交桥,远离高压电线及化学、煤气等工厂或设施。

（4）身处野外时,应尽量避开山脚、陡岸,以防滚石和滑坡;如遇山崩,要向远离滚石前进方向的两侧方向跑。

（5）如正在海边,应迅速远离海边,以防地震引起海啸。

（6）如正在驾车,应迅速躲开立交桥、陡崖、电线杆等,选择空旷处停车。

（7）如已经脱险,震后切勿急于回屋,以防余震发生。

（8）当身体遭到伤害时,应设法清除压在身上的物体,尽可能用湿毛巾等捂住口鼻防尘、防烟;用石块或铁器等敲击物体与外界联系,不要大声呼救,注意保存体力;设法用砖石等支撑上方不稳的重物,保护自己的生存空间。

（9）不信谣,不传谣,对地震预报或震后消息,应以官方权威部门来源为准。

你能做什么

如果发生地震,当你成功逃生后,能在第一时间参加对同学和伙伴的救援吗?当然,我们不鼓励未成年的你冒着生命危险参加震后搜救,但在保证安全的情况下,也许你的鼓励和帮助就是伙伴活下去的希望。

(1)观察周围环境是否安全,是否有残留建筑物倒塌等危险。

(2)仔细辨别周围是否有人员的呼喊、呻吟和敲击器物的声音;不要用利器刨挖,以免伤人。

(3)找到被埋压者时,要及时清除其口鼻内的尘土,使其呼吸畅通。

(4)已发现幸存者但解救困难时,千万不要强行拖拽,首先应输送新鲜空气、水和食物,然后再想其他办法救援。

(5)救出在黑暗、窒息、饥渴环境中埋压较长时间的伙伴后应蒙上其眼睛,不要让他一次性吃太多东西。

二、泥石流——脱缰的野马

 案例

2010 年 8 月 7 日 22 时许，甘南藏族自治州舟曲县突降暴雨，县城北面的罗家峪、三眼峪泥石流下泄冲向县城，造成沿河房屋被毁，人员大量伤亡。同时，泥石流还阻断白龙江，形成堰塞湖。

15

 思考讨论

为什么会发生泥石流呢？泥石流发生的原因很多，以前舟曲周围的山上森林茂密，很少发生泥石流，可是由于乱砍滥伐和毁林开荒之风的盛行，这些山体几乎全变成了光秃

秃的荒山，全县森林面积以每年 10 万立方米的速度减少。植被被破坏后，水土流失极为严重，又遇突如其来的强降雨，导致较严重的泥石流发生。

 知识加油站

什么是泥石流？泥石流是指在山区、沟壑等地形险峻的地区，水流量较大时（如暴雨、暴雪或冰川消融），携带大量泥沙以及石块，形成的特殊洪流，常伴随山体崩塌。泥石流具有突然性以及流速快，流量大，破坏力强，并携带大量固体物等特点。发生泥石流常常会冲毁公路、铁路等交通设施甚至村镇等，造成巨大损失。我国泥石流的暴发主要是受连续降雨、暴雨，尤其是特大暴雨集中降雨的激发。因此，泥石流发生的时间规律与集中降雨时间规律相一致，具有明显的季节性。一般发生在多雨的夏、秋季节。

 专家引路

我们怎样才能躲开泥石流这匹脱缰的野马呢？

（1）如果你去山地游玩时，夏汛时节，一定要事先收听当地天气预报，不要在大雨后、连阴雨天进入山区沟谷。要选择平整的高地作为营地，尽可能避开河（沟）道弯曲的凹岸或地方狭小高度又低的凸岸。切忌在沟道处或沟内的低平处搭建宿营棚。当遇到长时间降雨或暴雨时，应警惕泥石流的发生，穿越沟谷时，先要仔细观察，确认安全后再快速通过。暴雨渐小或刚停时，不应马上返回危险区。

（2）要随时注意观察泥石流发生的迹象：河流突然断流或水势突然加大，并夹有较多柴草、树枝；深谷或沟内传来类似火车轰鸣或闷雷般的声音；沟谷深处突然变得昏暗，并有轻微震动感等。发现有泥石流迹象时，一定要设法从房屋里跑出来，尽可能防止被埋压。

（3）立即观察地形，不要停留在低洼的地方，也不要攀爬到树上，或沿沟向下或向上跑，要向两侧山坡或高地上跑。

（4）抛弃一切影响奔跑速度的物品。

（5）不要躲在有滚石和大量堆积物的陡峭山坡下面。

 你能做什么

同学们，泥石流虽然可怕，但在一定程度上是可以预防的。

如果你住在农村，要提醒父母，不要把房屋建在沟口和沟道上，尤其是山麓扇形地带或泄水沟道。

要养成生态环保意识，告诉父母和周围的人，不要破坏森林，要提高植被覆盖率；不要在沟道中堆放弃土、弃渣、垃圾，这些东西会严重影响沟道的泄洪能力，也给泥石流的发生提供了固体物质，促进了泥石流的活动。

三、崩塌与滑坡——大山在抖落身上的泥土吗？

 案例

2009 年 5 月 16 日 20 点 50 分左右，兰州市九洲开发区石峡口小区旁边发生了山体滑坡，导致小区 4 号楼 2 个 6 层单元完全垮塌，7 人遇难，1 人受伤。此前小区物业公司已通知住户撤离，疏散自 16 日下午就开始了，但最终仍有 7 人再也没有出来。

思考讨论

同学们，你们知道吗？滑坡一定程度上也与我们人类的活动有关。人们在生产生活过程中，如果违反自然规律，破坏斜坡稳定性，就会诱发滑坡。例如：修建铁路、公路，建房时强行开挖、爆破，使坡体下部失去支撑，或者蓄水、排水不当，导致渗漏、漫溢，使坡体内淹、土体软化、重量增加，都可能诱发滑坡。开矿采石时进行爆破，也可因震动而导致滑坡。此外，像泥石流一样，乱砍滥伐，失去了植被的保护，也使雨水很容易渗入土体而诱发滑坡。近年来，滑坡发生得越来越频繁，这正是大自然对我们的报复。

知识加油站

崩塌是指陡峭山坡上岩石、土壤等在重力的作用下，发生突然坍塌落下。滑坡则是指斜坡上的土石，受水流活动，如河流、地下水,以及地震、人为活动等因素影响,整体或分散地顺坡向下滑动的自然现象。滑坡俗称"走山"、"垮山"、"地滑"、"土溜"等。

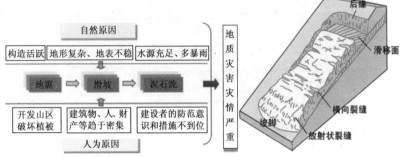

崩塌和滑坡常导致道路中断、堵塞,或坡脚处建筑物毁坏倒塌,如和洪水一起发生,还可能形成泥石流。此外,如掉落的土石阻塞了河流,还会形成天然堤坝,出现堰塞湖,继而导致江河溢流,或发生溃坝后形成水灾。

同学们,你们认识右边这个标志吗?这是注意滑坡的交通标志,放在容易发生滑坡地段的道路边,用于提醒通过的司机前方有滑坡危险。

 专家引路

遇到滑坡时,我们该怎么办呢?

(1)在山区活动时,需注意观察环境地形,坡度大、坡体上有明显裂缝等情况都容易形成崩塌。斜坡局部沉陷,山坡上建筑物变形,地下发生异常响声,原本干燥的地方突然渗

水都是发生滑坡的迹象。

(2)雨季时切忌在危岩附近停留。不能在凹形陡坡、危岩突出的地方避雨、休息和穿行,也不要攀登危岩。

(3)遇到崩塌或滑坡,应快速向两侧逃离,千万不要向滑坡上方或下方跑。

(4)如遭遇崩塌或滑坡时正在行车,不要惊慌,要镇静而迅速离开有斜坡的路段。

(5)不能快速逃至远处时,就近找一块坡度平缓的开阔地停留,但一定不要靠近房屋、围墙、电线杆等。

(6)因崩塌或滑坡造成车流堵塞时,应听从交通指挥,及时接受疏导;不要刚刚发生滑坡便通过此地区。

(7)实施救援时需:①排干滑坡体后缘的水。②挖掘时要从滑坡体的侧面开始。③先救人,后救物。

同学们,对于崩塌、滑坡等险情,我们能做什么呢?首先是利用自己所学到的知识,提前发现并帮助大家避开危险区域;如果已经发生险情,救援别人的想法是好的,但千万不要一个人贸然前去抢险救灾,最重要的是立即报警。

21

四、风暴——"风婆婆"打喷嚏

 案例

2005年8月25日和29日,卡特里娜飓风先后在美国佛罗里达州和美国墨西哥湾沿岸新奥尔良外海岸登陆,一直持续到8月31日,才开始逐渐退去。卡特里娜最高风速达到每小时280千米,造成了严重破坏,财产损失高达812亿,死亡人数超过1833人,受灾的土地面积几乎与英国国土面积相同,被认为是美国历史上造成损失最大的自然灾害之一。2012年10月24日开始,飓风桑迪袭击了古巴、多米尼加、牙买加、巴哈马、海地等地。最终,于美国东部时间10月29日在新泽西州登陆,为美国东部带来了狂风、暴雨、暴雪、洪涝灾害;桑迪共造成250余人死亡,数十万人无家可归,并导致了交通瘫痪,纽约证券交易所、联合国总部被迫关闭,损失超过500亿美元。

思考讨论

大家想想,为什么把"革命"、大的"金融动荡"等事件比作"风暴"呢?

知识加油站

风暴是一种伴有强风或强降水的天气过程,往往在极端的天气系统过境时出现,例如:雷暴、龙卷风(海上的俗称"龙吸水")、台风、热带气旋、热带风暴等。我们常听说的台风是一种热带气旋,如果热带气旋中心持续风速达到 12 级(即每秒 32.7 米或以上),在北大西洋及东太平洋称飓风,而在北太平洋西部(赤道以北,国际日期线以西,东经 100°以东)则使用台风的名称。至于"台风"一词的来源,有各种说法,如源自广东话"大风",由希腊神话人物 Typhoon 而来,因为要经过台湾岛等等,如果同学们有兴趣,不妨查一下资料。

专家引路

(1)野外遇上龙卷风时,应在与龙卷风前进方向相反或垂直的低洼区躲避。

(2)发生大风或龙卷风灾害时,要停止高空、水上等户外作业;停止露天集体活动并疏散人员。

(3)发生大风或龙卷风灾害时,人员要尽量远离施工工地,不要在高大建筑物、广告牌或大树下停留或停放车辆,以免被吹落物体砸伤或砸坏。

23

你知道吗

当风暴来临时，人们总要疏散躲避。但世界有这样一群人，或出于对大自然的热爱，或出于为科学献身的目的，在风暴到来之前分析电脑模型、地图和数据，然后追逐风暴，到最前沿去，拍摄令人震撼的影片，测量一些数据。当然，也有的人是单纯为了冒险。1999年5月，这些追风者曾在俄克拉荷马城附近探测到时速超过513千米的最快风速记录。但同学们如果没有优良的设备，没有坚实的科学知识作基础，追风就只能是盲目的冒险，因此，学生时代，学好知识才是最重要的。

五、暴雨——"魔鬼"的"眼泪"

案例

2012年7月21日，北京遭遇61年来最强暴雨，市区内不少地方积水严重，不仅造成了巨大的财产损失，还造成了巨大的人员伤亡。至8月6日统计，已经导致79人死亡。据调查分析显示，城市排水系统老旧是造成巨大损伤的主要原因。

思考讨论

遇到暴雨怎么办呢?

知识加油站

　　我国气象上规定,24 小时降水量达到或超过 50 毫米的降雨称为"暴雨"。其中降水量为 50～99.9 毫米称"暴雨";100～250 毫米为"大暴雨";250 毫米以上称"特大暴雨"。暴雨常常导致严重的洪涝灾害和泥石流等地质灾害,使居民的生命财产遭受损失。

　　暴雨预警信号分为以下四种:

　　(1)蓝色:降雨量在 12 小时内将达 50 毫米以上,或者已达 50 毫米以上且降雨可能持续。

　　(2)黄色:降雨量在 6 小时内将达 50 毫米以上,或者已达 50 毫米以上且降雨可能持续。

　　(3)橙色:降雨量在 3 小时内将达 50 毫米以上,或者已达 50 毫米以上且降雨可能持续。

（4）红色：降雨量在 3 小时内将达 100 毫米以上，或者已达 100 毫米以上且降雨可能持续。

专家引路

1. 同学们，如果你在上学的路上遇到暴雨该怎么办呢

（1）下暴雨时，要尽量选择地势高的地方避雨，不要到涵洞、桥下低洼地带，同时要注意避开电杆、灯杆或变压器等。

（2）在山区游玩旅行时，尤其是暴雨过后，如发现上游来水突然浑浊，水位上涨较快时，须特别注意防范山洪。不要在空旷尤其是低洼地带停留。

（3）在街道积水中行走，要尽量贴近建筑物，防止跌入地坑、窨井；骑自行车时注意观察，尽量避开积水路面。

（4）乘车时，如发现路面或立交桥下积水过深，应尽量绕行，不要强行通过。经过低洼处车辆如果熄火，千万不要在车上等候，应下车到高处等待救援；如果乘坐电车，开启车门前不要接触车身，如果车辆漏电，要待驾驶员切断电源后再下车，且不要单脚落地。

（5）检查房屋，如果是危旧房屋或处于地势低洼的地方，应及时转移。

（6）预防房屋内发生内涝，可预先在家门口设置挡水板、沙袋或土坎等。

2. 行车过程中遇到暴雨来袭时该怎么办

（1）如果车辆排气管没入水面，应低挡高速行驶，并稳定油门，通过积水区域后，注意制动是否有效。

（2）熄火后切勿重新启动发动机,而应设法将车推出积水区。

（3）避险时不要打开车内空调。

（4）一旦车辆落入深水区,要镇静从容,充分利用水慢慢涌入的时间,从就近车门尽快逃生,切勿相信所谓要车内进满水才能打开车门的说法。

（5）如不幸被困于车内,剪刀、高跟鞋等均不能击碎车窗,只有羊角锤能够击碎车窗,且应敲击侧窗的四角。

（1）如果你还没有走出家门,积水漫入室内时,应检查电路、炉火等设施是否安全,关闭电源总开关,防止电伤人。

（2）养成不乱扔垃圾的习惯,以防堵塞城市污水排放系统。

27

六、冰雹——暴雨的兄弟

 **案例**

2012年5月10日～11日,甘肃省定西市发生了强降雨、洪涝冰雹灾害。据人民网报道:截至5月11日11时,有3个县的31个乡镇、40.49万人受灾,死亡25人,失踪33人,受伤入院40人,重伤5人,需救助安置14.99万人;农作物受灾面积13359万多公顷,毁坏耕地2318公顷;房屋倒塌2844间,严重损坏25213间,损坏29878间。随着时间的推移,各项数字均有增加。

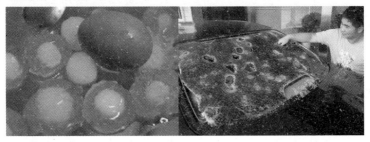

 **思考讨论**

冰雹是怎么形成的呢？ 同学们，运用你所学的自然、地理等课程的知识解释一下吧！ 遇到冰雹，我们又该怎么办呢？

知识加油站

1. 什么是冰雹

冰雹是一种严重的自然灾害,夏、秋降雨量大,最常发生。冰雹以球状居多,属固态降水,落到地面可砸毁大片农作物、果园,损坏建筑物,甚至威胁人类安全。

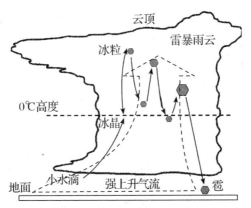

2. 冰雹的预警信号

冰雹气象预警共分为两级,分别为橙色、红色,其中橙色预警信号表示 6 小时内可能出现冰雹伴随雷电天气,并可能造成雹灾;红色预警信号则表示 2 小时内出现冰雹伴随雷电天气的可能性极大,可能造成重雹灾。

专家引路

冰雹灾害发生时,如果在室外,要立即到安全的地方暂避。

如果有雷电同时出现,不要进入孤立的棚屋、岗亭或大树底下,以防雷击。

野外遇到冰雹灾害时,要就地取材,用竹篮、柳条筐、安全帽等用具保护自己。

遇到冰雹时,首先是要保护好自己,不要被冰雹砸伤;另外,要帮家里人驱赶家禽、牲畜进入有顶篷的场所,妥善保护室外物品或者设备。

中国冰雹最多的地区是青藏高原,例如西藏东北部的黑河(那曲),每年平均有 35.9 天冰雹(最多年 53 天,最少也有 23 天);其次是班戈 31.4 天,申扎 28.0 天,安多 27.9 天,索县 27.6 天,均出现在青藏高原。

七、雷电——"雷公电母"来了

2008 年 6 月 23 日 19 时左右,在淳安文昌镇丰茂村附近的杨梅岛,一艘正在靠岸的船只被雷电击中,3 人死亡,4 人受

伤。专家分析,造成雷击的主要原因有:(1)在相对宽广的湖面上,小船是制高点。(2)湖面大量水汽对流,微小的水珠很容易产生大量电荷。(3)船顶包着白铁皮,而船又没有屏蔽,就更容易被雷击中了。

传说中的雷公电母

31

思考讨论

雷电是怎么形成的呢? 运用你学的物理知识解释一下吧. 只有了解了雷电形成的原理, 才能更好地预防. 还有, 同学们, 你知道哪些地方容易发生雷击吗?

知识加油站

雷电就是平常我们看到的闪电和雷鸣,其产生是正电荷或负电荷在雷雨云中积累到一定程度后发生的放电现象。

1. 碰到雷雨天气，我们该怎么办

（1）注意天气预报，是否将有雷雨天气出现，提前进行准备。

（2）遇有雷雨天气，应立即停止户外游泳、划船、钓鱼、登山等活动；如暂时无法离开，应在低洼处藏身，或蹲下，降低身体高度，同时两脚并拢减少跨步电压带来的危害。

（3）不要在水边停留，不要站在山顶、楼顶，或接近其他易导电的物体，也不要在大树、高塔、广告牌等物体下方避雨。尽快到干燥的室内避雨，如果来不及离开高大物体时，应将双脚合拢坐在干燥的地方或物体上，不要将脚放在绝缘物以外的湿地面上。

（4）拿掉身上的金属物件，尤其不要为了遮雨将其举在头顶。

（5）必须外出时，因封闭的金属导体防雷功能较好，所以在汽车内一般不会遭到雷击，不过，乘车途中千万不要将头、手伸出窗外；而骑自行车、摩托车则危险较大。

（6）在房间内时注意关闭门窗，远离金属管道或物体，不要站在电灯下面。

（7）不要将晾衣服的铁丝接到窗外。

（8）高大建筑物上应安装避雷装置。

2. 易发生雷击的地方

（1）未安装避雷设备的高大建筑物。

（2）金属物体没有良好接地。

（3）潮湿或空旷地区的建筑物、树木等。

（4）烟囱由于烟气的导电性易遭雷击。

（5）建筑物上有无线电天线，未安装避雷设备，也没有良好接地的地方。

除了按照前面专家说的到安全的地方躲避外，还要注意，不要因为害怕，在户外时就用手机和其他人通话，在室内时，如和多人在一起，相互之间也不要挤靠；另外，在室内时，还应该关闭家用电器，以防雷电由电源线侵入，尽量不要拨打电话或上网，不要用太阳能热水器洗澡。

雷电能够释放出巨大的能量，我国建造的世界上最大的水力发电站——三峡水电站，装机总容量为 1820 万千瓦，大约只有一次雷电功率的千分之一；因此，雷电电流通过人、畜、树木、建筑物等时，可能导致严重的杀伤或破坏。

避雷针是美国大科学家富兰克林发明的,他在 1752 年 7 月的一个雷雨天,冒着生命危险,放飞了一个系金属导线的风筝,末端还拴了一串钥匙。当雷电发生时,富兰克林的手接近钥匙,钥匙上迸出一串电火花。富兰克林由此设想出能把雷电引入地下的避雷针。据说,20 多年后,巴黎最时髦的尖顶帽子就是仿照避雷针式样设计的。

八、大雾和灰霾——是仙女的轻纱吗?

文学作品中说大雾是仙女的轻纱,其实真正的大雾可没这么美丽。2010 年 12 月 13 日,成都高速公路 4 小时内发生 52 起车祸,有至少 137 辆车受损,上百人受伤。导致车祸的原因就是大雾发生后,管理部门没有及时关闭高速公路,而部分驾驶员又盲目自信,开快车。

思考讨论

遇到大雾天，我们该注意什么？

知识加油站

1. 雾

雾是大量微小水滴悬浮在接近地面的空气中形成的，会降低空气透明度，如果水平能见度小于 1000 米，就称为雾，水平能见度在 1000～10000 米则称为轻雾或霭。如果能见度小于 500 米时，就是大雾。大雾天气时，不仅由于能见度低而容易发生交通事故，烟尘、废气等有害物质也会在空气中滞留，危害人体健康。

2. 灰霾

雾还有一个兄弟，叫灰霾，是大量烟、尘等微粒悬浮而形成的空气浑浊现象。雾和灰霾的区别在于相对湿度大小不同，雾是饱和的，而灰霾则不大；此外，灰霾的悬浮微粒比较均匀，平均为 1～2 微米，而雾滴的粒径比较大，几微米到 100 微米不等，平均直径约为 10～20 微米。由于散射波长较长的光比较多，霾看起来呈黄色或橙灰色；而雾散射的光与波长关系不大，因而雾看起来呈乳白色或青白色。

3. 大雾和灰霾的危害

大雾和灰霾绝不是美丽仙女的轻纱，尤其是灰霾，危害更大。

35

(1)阻挡太阳紫外线,使空气中的细菌活性增强,传染病增多。

(2)容易让人产生悲观情绪。

(3)由于能见度下降,影响交通安全。

(4)地面空气中积聚着大量对人类健康有害的气溶胶粒子,吸入人体后能诱发各种疾病,例如,研究显示,灰霾已取代吸烟成为肺癌致病最主要的原因。

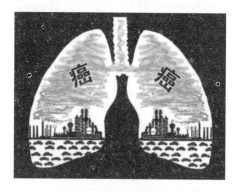

灰霾为肺癌的主要诱因之一

雾

灰霾

4.大雾预警信号

大雾预警信号根据出现时间和能见度分为黄色、橙色、红色三种。

(1)黄色:12小时内可能出现能见度小于500米的雾,或者已经出现能见度小于500米、大于等于200米的雾并将持续。

(2)橙色:6 小时内可能出现能见度小于 200 米的雾,或者已经出现能见度小于 200 米、大于等于 50 米的雾并将持续。

(3)红色:2 小时内可能出现能见度小于 50 米的雾,或者已经出现能见度小于 50 米的雾并将持续。

5.灰霾的预警信号

灰霾的预警信号则分为黄色和橙色两种。

(1)黄色:12 小时内可能出现能见度小于 3000 米的霾,或者已经出现能见度小于 3000 米的霾且可能持续。

(2)橙色:6 小时内可能出现能见度小于 2000 米的霾,或者已经出现能见度小于 2000 米的霾且可能持续。

专家引路

出现大雾或灰霾天气时,最主要的是注意交通安全和防止疾病。

(1)尽量不要外出,如必须出行,应戴上口罩,防止吸入对人体有害的气体。

(2)机动车打开防雾灯,减速慢行,注意观察路面,控制好车速、车距。如在高速公路上行驶,最好就近找停车场或服务区休息。

（3）行人应注意交通安全。

（4）大雾天空气湿度大，可能会发生电力设备绝缘表面被击穿的现象，导致停电，应提前进行准备。

同学们作为未成年人抵抗力低，雾、灰霾天气外出更容易诱发疾病；同时还应注意提醒家人，尤其是老年人、有呼吸道疾病或心肺疾病的人，在雾、灰霾天气外出，可能使疾病加重。

九、寒潮——现实中的《冰河世纪》

2012 年冬季，强冷空气袭击欧洲，严寒和暴风雪肆虐，北半球遭遇了近 30 年来最寒冷的冬天，部分地区还出现了近百年来最低气温。恶劣天气不仅造成了交通瘫痪、电力中断，还有部分居民因此而死亡。最早于 2 月 12 日的新闻报道死亡人数就已经超过 600 人，各国经济也遭受到了严重的打击。

政府告诫民众,保护自己的最好办法是能不出门,就不出门。

 **思考讨论**

《冰河世纪》是美国的一部著名的动画片,描写了一群可爱的动物在地球的冰川时代的冒险的故事,可真正的寒潮来临时,远没那么浪漫。大家来说说冬天的感受吧,尤其是北方的同学,你们那里过冬或遇到寒潮时都要做哪些准备呢?

知识加油站

寒潮一般发生在冬半年10月～次年3月,即秋末、冬季和初春,主要是由于北方的冷空气大规模向南移动导致大风及气温大幅度降低,常常伴有降雨、降雪。我国气象部门规定:如果冷空气侵入一天内使气温下降10℃以上,而且最低气温在5℃以下,则称为一次寒潮过程。寒潮不仅可导致道路结冰、火车道岔冻结、大雪阻路、港口封冻等对交通运输的危害,造成动植物冻害,严重影响农牧渔业生产,还能引发感冒、气管炎、中风、哮喘、冠心病、心肌梗塞等各种疾病,危害人体健康。

寒潮根据降温幅度、风力、最低气温等分为蓝色、黄色、橙色、红色四类。

(1)蓝色:48小时内最低气温将要下降8℃以上,最低气温小于等于4℃,陆地平均风力可达5级以上;或者已经下降8℃以上,最低气温小于等于4℃,平均风力达5级以上,并可能持续。

(2)黄色:24小时内最低气温将要下降10℃以上,最低气温小于等于4℃,陆地平均风力可达6级以上;或者已经下降10℃以上,最低气温小于等于4℃,平均风力达6级以上,并可能持续。

(3)橙色:24小时内最低气温将要下降12℃以上,最低气温小于等于0℃,陆地平均风力可达6级以上;或者已经下降12℃以上,最低气温小于等于0℃,平均风力达6级以上,并可能持续。

（4）红色：24 小时内最低气温将要下降 16℃以上，最低气温小于等于 0℃，陆地平均风力可达 6 级以上；或者已经下降 16℃以上，最低气温小于等于 0℃，平均风力达 6 级以上，并可能持续。

除寒潮外，气象部门还制定了蓝、黄两级低温预警信号。"寒潮"更强调气温变化过程，而"低温"则关注气温变化结果。

（1）蓝色：24 小时内最低气温将要或者已经降至零下 10℃以下。

（2）黄色：24 小时内最低气温将要或者已经降至零下 15℃以下。

与寒潮和低温相关的预警信号，还有霜冻、道路结冰等，这里不再——赘述，有兴趣的同学可以检索一下相关资料。

专家引路

以目前的科技发展水平，人类还无法预防寒潮的发生，那么，发生寒潮时，如何才能将危害降低到最小呢？

（1）关心天气预报，了解降温消息，以便及时采取应对措施。

（2）注意添衣保暖，尤其是患有呼吸道、心血管疾病的老弱病人，要尽量避免外出。

（3）采用传统燃煤取暖时注意防止煤气中毒。

（4）室外物品要安置好，尤其是棚架等临时搭建物要加固，避免因大风造成损坏，甚至危及人员安全。

（5）生产上，尤其是农林牧渔部门，需做好对大风降温天气的防御准备，防止造成损失；户外作业人员应注意生产安全。

（6）如地面潮湿结冰，出行应注意交通安全。

 你能做什么

我们无法阻止寒潮的发生，但是却可以提醒家人加衣、注意出行安全，做一些力所能及的事，帮助大人抵御严寒袭击。同学们之间也可以像《冰河世纪》电影中的动物一样，互相帮助，关心温暖他人。

 你知道吗

当然，寒潮也不是一无是处，它带来大规模冷热空气交换，有利于自然界的生态平衡；低温能抑制害虫和病菌的滋生。大雪不仅带来了丰富的氮化物和降水，还可起到地面保温作用；冷风则是无污染的动力资源，可用于发电。

十、暴雪——银装素裹的北国风光

 案例

2008年1月10日，我国南方发生百年一遇的持续降雪，导致交通大面积瘫痪，人们被困于春节回家的途中，电力、煤

炭供应空前紧张。截至 2008 年 2 月 12 日，已造成 21 个省市自治区受灾，死亡 107 人，失踪 8 人，紧急转移安置 151.2 万人，救助铁路公路滞留人员 192.7 万人，农作物受灾面积 1.77 亿亩(1 亩≈666.67 平方米，后同)，倒塌房屋 35.4 万间，直接经济损失超过 1000 亿元。

思考讨论

大雪在诗词中有"银装素裹"的妖娆，"千树万树梨花开"的美丽；也有"柴门闻犬吠，风雪夜归人"的肃杀。遇到大雪时，我们能做些什么，才能降低它带来的灾害，而让人们放心、高兴地欣赏美景呢？

知识加油站

降雪量的衡量与降雨量相似，是用一定标准的容器，将收集到的雪融化后进行测量得出的结果。当日降雪量融化成水后≥10 毫米，就是暴雪。

43

暴雪预警信号分为以下四种。

(1)蓝色:12小时内降雪量将达4毫米以上,或者已达4毫米以上且降雪持续,可能对交通或者农牧业有影响。

(2)黄色:12小时内降雪量将达6毫米以上,或者已达6毫米以上且降雪持续,可能对交通或者农牧业有影响。

(3)橙色:6小时内降雪量将达10毫米以上,或者已达10毫米以上且降雪持续,可能或者已经对交通或者农牧业有较大影响。

(4)红色:6小时内降雪量将达15毫米以上,或者已达15毫米以上且降雪持续,可能或者已经对交通或者农牧业有较大影响。

 专家引路

发生大雪时,怎样才能把损失降低到最小?

(1)关注有关暴雪的气象预报及预警信息,及时采取应对措施。

(2)减少不必要的出行,如与家人或朋友开车外出,需注意行车安全,车胎少量放气,以增加摩擦力;听从指挥,减慢车速,避免急刹车、急转弯。

(3)暴雪可能导致航空、公路及铁路的停运,要及时调整出行计划。

(4)老人、儿童注意保暖,防冻防病。

(5)协助市政及交通部门清扫路面、建筑物和温室、大棚等搭建物的积雪。

(6)远离广告牌、临时建筑,不在危旧房屋里停留躲避大雪。

(7)农牧区的同学要在降雪季节提前储存一定量的生活、生产用品,如食物、饲料、燃料等,并需保持通讯畅通,以应对突然的天气变化。

(8)暴雪对房屋、道路和人员造成灾害时,及时报警。

同学们,发生大雪时,可千万不要只想着打雪仗、堆雪人,不仅要记得自己添衣服,还要帮助家里的老弱病人保暖防冻,帮助大人做一些防灾减灾的工作。

十一、高温——唐僧取经路过的火焰山

案例

2012年6月~7月，美国出现持续两周多的高温天气，首都华盛顿特区甚至达到49℃。据美国全国广播公司统计，全国同持续高温有关的死亡达到74例。持续高温还导致了干旱，造成大面积农作物减产，使食品、饲料价格上涨。

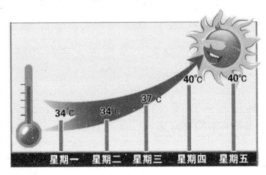

思考讨论

高温是和寒冷相反的天气变化，但和寒冷一样都会给人体健康、交通、用水、用电等方面带来严重影响。遇到高温，我们该怎么办呢？

知识加油站

气象学上气温达到35℃时就被称作高温。人的体温调节中枢能够控制产热和散热保持相对平衡,自动调节并维持正常体温,如通过大量出汗、周围血管扩张等方式散热,但如果高温和热辐射作用时间过长,超过人体体温调节中枢的调控能力,就会导致中暑。如出汗使大量盐分、水丢失,出现肌肉痉挛、循环血量不足等情况。此时如不能尽快脱离高温环境,又没有采取相应措施,热量在体内不能散发出去,当体温上升超过正常人体器官、组织、细胞发挥功能的范围时,就会导致器官功能障碍或衰竭,甚至死亡。不仅是高气温,一些特殊职业工作环境温度过高,也容易导致中暑。

当气温超过一定界限时,气象部门就会发布高温预警,高温预警信号分为以下三种。

(1)黄色:连续三天温度达到35℃时。

(2)橙色:当日气温达到37℃时。

(3)红色:当日温度达到40℃时。

某日最高气温达到35℃称为高温日。

高温环境会给我们的工作、生活、学习带来很大的不便,如何才能避免高温的危害呢?

(1)避免日光长时间暴晒头部。化纤材料服装大量出汗时不容易蒸发散热,应选用能吸水、透气性好的材料,如棉、麻、丝类织物制成的衣服。

(2)高温天气时,老年人、孕妇,或有慢性疾病,如心血管疾病的人,尽量不要外出,多在阴凉处停留,避免日光暴晒。

(3)人感到口渴时,说明身体已经缺水了,因此应提前饮水。补充水分的同时,最好能适量补充钠、钾、镁等电解质,因此，不建议只喝纯净水。

（4）饮食注意营养搭配，不仅要含水量高，而且要富含蛋白质、维生素，如汤类、粥、茶，鱼、肉、蛋、奶和豆类，以及西红柿、西瓜、甜瓜、水蜜桃等水果蔬菜。

（5）保持充足的睡眠。

（6）室内开空调时，不宜把温度降得过低。

（7）不要在大汗淋漓时冲冷水澡，应先擦干汗水，短暂休息后再用温水洗澡。

（8）常备仁丹、藿香正气水、风油精等药物。

（9）高温环境中，出现中暑迹象，如头痛、头晕、口渴、多汗、四肢无力或发酸、注意力不集中、动作不协调，以及体温略有升高时，要及时转移到阴凉通风处，解开衣扣皮带，补充水和盐分。

（10）如出现体温升高、头晕、口渴、面色潮红、大量出汗、

皮肤灼热,或四肢湿冷、面色苍白、血压下降、脉搏增快等表现,更为严重者出现剧烈头痛、呼吸浅快、脉搏细速、恶心呕吐、烦躁不安、神志模糊、血压下降等情况时,应及时送医院治疗或抢救。中暑患者送达医院前,可采取必要的降温措施,如冷水或酒精擦拭、风扇降温等,但需注意过冷的冰水会使肌肉抖动、皮肤血管收缩,反而会增加产热,阻碍散热。

遇到高温天气,同学们自己能做些什么呢?我们没有铁扇公主的芭蕉扇,我们能够做的最主要的是注意自己的日常生活。

十二、沙尘暴——孙大圣也怕的黄风怪

 案例

2010年4月24日～25日，甘肃省发生了大范围的沙尘天气，酒泉、张掖、民勤等多地观测站能见度低于50米，甚至一度达到0米，属特强沙尘暴。

沙尘暴来袭

沙尘暴中的汽车

沙尘暴袭击过后

思考讨论

　　同学们，沙尘暴这么可怕，大家想过没有，是什么原因导致的沙尘暴呢？我国的西北干旱、沙漠地区生长有甘草、肉苁蓉和梭梭等植物，这些植物发挥了关键的防风固沙作用，同时也具有极高的药用和经济价值。人类的贪欲在经济利益的驱动下表现得淋漓尽致，过度采挖导致了生态环境急剧恶化，土壤荒漠化加速，是沙尘暴频发的原因。

　　可以说，沙尘暴也是自然对人类的报复。那么，沙尘暴有什么危害呢？内陆沙漠、干旱及植被稀少地区是沙尘暴高发地区，强风可导致土壤风蚀和地面建筑、作物、公共设施的破坏，并掩埋农田、铁路、草场等，造成大气污染、生态环境恶化，影响生产生活，破坏交通安全，威胁人类健康，甚至造成人员伤亡。

知识加油站

　　沙尘暴是指地面沙尘被强风扬起，形成特别混浊的空气,水平能见度不超过 1000 米的灾害性天气。沙尘天气可根据扬起的沙尘的多少及能见度分为浮尘、扬沙、沙尘暴、强沙尘暴四类,水平能见度分别为浮尘低于 10000 米、扬沙 1000～10000 米、沙尘暴低于 1000 米、强沙尘暴低于 500 米。

1.沙尘暴强度

沙尘暴强度根据风速和能见度划分为四个等级。

(1)弱:4 级≤风速≤6 级,500 米≤能见度≤1000 米。

(2)中等强度:6 级≤风速≤8 级,200 米≤能见度≤500 米。

(3)强:风速≥9 级,50 米≤能见度≤200 米。

(4)特强:瞬时最大风速≥25 米/秒,能见度≤50 米,甚至降低到 0 米,也称为黑风暴。

2.沙尘暴的预警信号

尘暴的预警信号分为黄、橙、红三级。

(1)黄色:24 小时内可能出现沙尘暴天气(能见度小于1000 米),或者已经出现沙尘暴天气并可能持续。

(2)橙色:12 小时内可能出现强沙尘暴天气(能见度小于500 米),或者已经出现强沙尘暴天气并可能持续。

(3)红色:6 小时内可能出现特强沙尘暴天气(能见度小于 50 米),或者已经出现特强沙尘暴天气并可能持续。

西游记中的孙悟空也害怕沙尘暴(黄风怪),请来灵吉菩萨才把他降服。如果遇到"黄风怪",我们该怎么办呢?

(1)及时关闭门窗,必要时可用胶条对门窗进行密封。

（2）发生强沙尘暴天气时不宜出门，尤其是老人、儿童及患有呼吸道过敏性疾病的人。

（3）外出时要戴口罩，用纱巾蒙住头，以免沙尘侵害眼睛和呼吸道而造成损伤。

（4）应特别注意交通安全。机动车和非机动车应减速慢行，密切注意路况，谨慎驾驶。

（5）妥善安置易受沙尘暴损坏的室外物品。

除了上面提到的几点外，我们还应加强科普宣传，培养自己的环保意识，积极主动地参加一些植树造林的活动，防止土地沙化，才能从根本上消灭沙尘暴。

据研究，在几百万年甚至上千万年的时间里，从西北干旱沙漠地区来的大量沙尘卷入空中后，长途运输，最后沉降堆积而形成了现在的黄土高原。不过沙尘暴也非一无是处，它带到空中的沙尘，可给沉降地区植被带来养分，中和酸雨。

十三、洪水——吞噬人类的"猛兽"

 案例

有一个成语"洪水猛兽",比喻危害极大的人或事物。其实,洪水之害,远远超过猛兽。相信大家对"98抗洪"还记忆犹新,1998年夏季,长江发生了1954年以来最大的洪水,几乎全流域泛滥。加上东北的松花江、嫩江泛滥,全国共有29个省、市、自治区受灾,死亡4150人,倒塌房屋685万间,农田受灾2229万公顷,成灾面积1378万公顷,直接经济损失达2551亿元。

54

洪水如猛兽,人往高处走!

 思考讨论

1998年特大洪水形成的原因有哪些呢? 如果遇到洪水,我们该怎么做才能成功逃生呢?

知识加油站

洪水通常指由于强降雨、冰雪融化、风暴潮等自然因素，引起江河湖海水量迅速增加，水位快速上涨的现象。1998 年长江全流域特大洪水的直接原因是长江流域森林乱砍滥伐造成水土流失，中下游流域围湖造田、乱占河道等；此外，厄尔尼诺现象、拉尼娜现象，以及大气中的

二氧化碳（CO_2）浓度增加导致的降水量异常也是导致这次洪水的因素。其他洪水发生的原因也不外乎如此。

 专家引路

1. 洪水来临前的准备

洪水虽然危害巨大，但只要我们准备充足，就可以最大程度地减轻它造成的危害。

（1）注意气象预报，以及权威部门发布的洪水预报信息。

（2）备足饮用水、食物和日用品。

（3）提前准备木排、泡沫塑料等漂浮材料，以备急需。

（4）保存好通讯设备。

（5）规划好撤离路线，提前转移人员和财产，尤其是老幼病残人员。

55

（6）连降大雨时，要尽量避免涉水过河，尤其是山区，以避免遭遇山洪。

2. 遭遇洪水的避险自救

如果真的遇到洪水时，该如何避险自救呢？

（1）遇到洪水灾害，要设法发出求救信号。

（2）洪水到来时，如不能及时转移到安全地带，应就近选择屋顶、大树、高坡等处躲避。

（3）一旦室外积水漫入室内，应及时切断电源。

（4）要在安全地带耐心等待救援，不要冒险涉水。

（5）注意船只、木板、木床等浮力大的物体，可利用其进行漂浮转移。

（6）远离电线杆，避免触电。

（7）洪水过后做好卫生防疫工作，对被污染的物品进行清洗和消毒，预防疾病流行。

你能做什么

西方的《圣经·创世纪》中有大洪水，我国也有《共工怒触不周山》的洪水泛滥，以及大禹治水等关于洪水的传说、记载。它们都有一个共同点，就是洪水是上天用来惩罚人类的罪过的工具。洪水以及其他自然灾害的发生确实和人类活动有一定关联。因此，同学们一定要树立环保意识，了解乱

砍滥伐的危害,做到与自然和谐相处,才能从根本上避免洪水、泥石流、沙尘暴等灾害的发生。

十四、森林火灾——"火神"发怒了

1987年5月6日～6月2日,在黑龙江省大兴安岭地区发生了新中国成立以来最严重的森林火灾,过火总面积超过100万公顷,除森林外,还烧毁1个县城、4个林业局镇、5个贮木场。这场大火夺去了近200人的生命,使1万余户、5万余人失去家园,直接和间接经济损失分别达4.5亿元和80多亿元人民币,如果算上林木减产、人员重新安置、环境恶化等因素,损失超过200亿元。

57

思考讨论

森林火灾是如何发生的呢？ 又该如何预防呢？ 大家来说说吧！

知识加油站

当林地着火，火势失去人为控制而自由蔓延和扩展，就会破坏森林资源及生态系统、大气环境，并给人类活动，如财产、日常生活、交通，甚至生命等带来危害和损失，形成森林火灾。森林火灾具有突发性强、破坏性大、处置困难等特点，目前世界各国都将其作为重大自然灾害加以预防和控制。

为了更好地预防森林火灾的发生，根据主要火险要素：气温、湿度、风、降水、可燃物含水率和连续干旱情况等，可将火险划分为不燃（低火险）、难燃（较低火险）、可燃（较高火险）、易燃（高火险）、强燃（极高火险）五个等级。前两个等级分别用绿色和蓝色表示，不设标志；后三个等级则分别用黄色、橙色、红色三级预警信号表示。

（1）黄色：森林火险等级为三级。中度危险，林内可燃物较易燃烧，较易发生森林火灾。

（2）橙色：森林火险等级为四级。高度危险，林内可燃物容易燃烧，容易发生森林火灾，火势蔓延速度快。

（3）红色：森林火险等级为五级。极度危险，林内可燃物极易燃烧，极易发生森林火灾，火势蔓延速度极快。

1988 年国务院颁布了《森林防火条例》，从受灾林地面积、人员伤亡等方面将森林火灾分为以下四类。

（1）一般森林火灾:受害森林面积在 1 公顷以下或者其他林地起火,或者死亡 1 人以上 3 人以下,或者重伤 1 人以上 10 人以下。

（2）较大森林火灾:受害森林面积在 1 公顷以上 100 公顷以下,或者死亡 3 人以上 10 人以下,或者重伤 10 人以上 50 人以下。

（3）重大森林火灾:受害森林面积在 100 公顷以上 1000 公顷以下,或者死亡 10 人以上 30 人以下,或者重伤 50 人以上 100 人以下。

（4）特别重大森林火灾:受害森林面积在 1000 公顷以上,或者死亡 30 人以上,或者重伤 100 人以上。

专家引路

对青少年而言,发生森林火灾时,最重要的不是体现英勇精神,参加灭火工作,而是保护好自己。听听专家怎么说吧!

发生森林火灾时,最重要的是保持头脑清醒,尽快判明火势蔓延方向,迅速向安全地带转移;同时立即报警,说清起火地点、火势情况。

发生森林火灾时,高温、浓烟和一氧化碳是对人身造成伤害的主要来源,因此,要设法用湿毛巾捂住口鼻,并把身上的衣服浸湿,形成皮肤外保护层。如无法逃离火场,可在附近没有可燃物的平地俯卧避烟。洼地或坑、洞容易沉积烟尘,因此不能选择这些地方避难。

逃生方向选择:①及时注意风向变化,切勿麻痹大意,切忌顺风撤离；②注意来火方向，迎着来火方向，选择一块平坦草地，或向火已经烧过或杂草稀疏的地段转移；也可先行自己燃出一块空地躲避，防止大面积过火时受伤；③注意地势变化，如在半山腰时，要快速向山下跑，切忌往山上跑。

顺利地逃离火灾现场之后，还要注意在灾害现场附近休息的时候要防止蚊虫或者蛇、野兽、毒蜂的侵袭。

集体或者结伴出游的朋友应当相互查看一下大家是否都在，如果有掉队的应当及时向当地灭火救灾人员求援。

《圣经》和《山海经》分别记载是普罗米修斯和祝融传下火种，教会人类用火，使人类告别了茹毛饮血的年代。其实真实的历史是长期干燥高温天气、林地物质自燃、雷击等自然因素导致的森林或其他自然火  灾使人们知道了用火，从这个角度来说，人们将森林火灾归为自然灾害并不错。但事实上，现在森林火灾最主要的原因是野炊、烧纸、吸烟等人为因素，包括我们前面提到的大兴安岭火灾，也是由人为因素引起的。

第三部分
交通事故篇

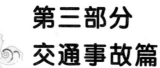

大约 6 千到 1 万年前，古人发明了轮子——人类历史上最古老、最重要的发明之一，有些学者甚至把它与火的使用相提并论。随后就出现了各种各样的车辆，给人类的生产生活带来了极大便利。同学们可能难以想象没有车辆的世界会是什么样子。不过，随着车辆的使用越来越广泛，自然也就产生了各种各样的交通事故。如何避免交通事故？一旦发生了交通事故如何自救和他救呢？本篇将带领大家来了解。

一、道路交通事故——规则决定安全

 案例

来源于国家安监总局网站的消息显示,2011 年全国道路交通伤亡事故为 21.1 万起,死亡 6.2 万人。另有统计,道路交通事故每年导致超过 18500 名 14 岁以下儿童死亡,死亡率是欧洲的 2.5 倍,美国的 2.6 倍,是在中国儿童意外伤亡中居于第二位的原因,在中国所有儿童死亡原因中排第六位。根据交通管理部门的分析显示,儿童突然进入机动车道,或从遮挡物后突然窜出是发生意外的两种主要情况。

悲剧是这样发生的

造成多人死亡的重大交通事故则有超过 60% 以上是大客车事故。超载、超速、疲劳驾驶是主要原因。2012 年 8 月 26 日凌晨 2 点 40 分许,包茂高速公路安塞段,一辆大客车司

机由于疲劳驾驶、车速过快,追尾运送甲醇的罐车,甲醇泄漏起火,导致客车起火,事故造成36人死亡。

假如在夜间,两侧都没有车辆来往,但是人行横道的信号灯是红灯,你会直接横穿马路吗?

《中华人民共和国道路交通安全法》规定,道路交通事故是指车辆在道路上因过错或者意外造成的人身伤亡或者财产损失的事件。交通事故可以发生在车辆之间、车辆与行人之间、机动和非机动车之间,或车辆与固定物之间,以及车辆自身事故。道路包括公路、铁路等,事故具有不同的特点,这部分先重点给大家讲一下公路交通事故。

1.遵守交通规则

无论行人还是车辆,避免交通意外的发生,最重要的是遵守交通规则。

(1)行人不得跨越、倚坐道路隔离设施,不得扒车、强行拦车或实施妨碍道路交通安全的其他行为。应遵守交通规则,按照红绿灯指示在斑马线上过马路。

(2)碰到在机动车道上兜售物品、卖报纸、散发小广告等情况,不要停留观看。

(3)如果你骑自行车上学,不要抢行、打闹,或进入机动车道,此外,也不要进入高速公路。

(4)提醒家长,车辆要定期检修,不要驾驶有故障的车。

(5)乘坐车辆时,如车内出现焦糊味、烟雾等,要及时向司售人员报告;撤离时千万不要惊慌、拥挤,应服从司售人员指挥,有秩序地撤离。

(6)如车辆行驶途中发生故障,或发生交通事故,提醒司机在来车方向50~100米设置标志,避免二次损伤的发生。

2.遇到交通事故该怎么办

(1)发生交通事故时,找警察处理是最好的解决办法。

(2)行人被车辆撞伤,驾车人应立即拨打122报警,保护好现场,并拨打120或999求助,同时检查伤者的受伤部位,并采取初步的救护措施,如止血、包扎或固定。应注意保持伤者呼吸通畅。如果呼吸和心跳停止,应立即进行心肺复苏法抢救。

(3)救治伤者时应注意是否存在脊椎骨折的情况,这时千万不要翻动病人。如果不能判断脊椎是否骨折,也应该按脊椎骨折处理。

(4)若发生事故后交通工具起火燃烧,应迅速撤离。

(5)如遇翻车,应迅速趴下,紧紧抓住可以稳定身体的固定物。

(6)机动车在高速公路发生事故,应打开危险报警闪光灯,并在车后150米以外设置警示标志,车上人员迅速转移到右侧路边或者应急车道内,不得在高速公路路面逗留。

(7)遇到撞人后驾车或骑车逃逸的情况,应及时追上肇事者。在受伤的情况下,应求助周围群众拦住肇事者。如无法拦住肇事者,则应尽可能记下肇事车辆的车牌号;在没看清肇事车辆车牌号时,应记下车型、颜色等主要特征。

除了上面说到的几点外,日常生活中,同学们自己还应注意些什么,才能避免发生交通意外呢?

(1)横过马路时,走人行横道、过街天桥、地下通道。过人行横道时还应先看左后看右,在确保安全的情况下迅速通过。

(2)如果你的年龄还小,过马路时最好让成年人带领。

(3)不要在街上滑旱冰、踢足球,或进行其他游戏。

66

(4)如果你是坐车出行,不要在车内打闹,以防干扰司机驾驶,或在转弯、刹车等情况下站立不稳而撞伤。

(5)提醒爸爸妈妈,不要酒后驾车,不要疲劳驾驶。

(6)通过铁路口、红绿灯时,不要抢行,主动避让。

(7)如果小伙伴发生车祸,不要惊慌,应报警,求助 120 急救最重要。

二、铁路交通事故——循"轨"蹈矩才能安全(1)

 案例

2011年7月23日20时30分05秒,浙江省温州市境内,北京南站至福州站的D301次列车,与同向行驶的杭州站至福州南站的D3115次列车发生追尾事故。造成40人死亡、172人受伤,中断行车32小时35分,直接经济损失19371.65万元。

2012年9月2日,福建惠安一位母亲带着6岁的儿子小龙去买文具,穿过无人值守的铁路道口时,被飞驰的火车撞飞,母子当场死亡。如果没有这起悲剧,小龙本该背着书包走进幼儿园大班教室。

67

 思考讨论

如果我们是行人，如何才能在经过铁路时保证安全？而我们作为乘客，难以预见所乘列车是否会发生事故，我们能做的，就是一旦真的发生了事故，能够保护自己，帮助他人。

 知识加油站

铁路机车车辆在运行过程中发生冲突、脱轨、火灾、爆炸等事故，或与行人、机动车、非机动车、牲畜及其他障碍物相撞的事故，也包括影响铁路正常行车的相关作业过程中发生的事故，称为铁路交通事故。铁路机车有固定的运行轨道，因此发生事故时有与公路交通事故不同的特点。根据死亡及受伤人数、经济损失、铁路运行中断时间等可分为特别重大事故、重大事故、较大事故和一般事故四个等级。

 专家引路

作为铁路乘客，遇到事故时该怎么办呢？

（1）列车运行异常或紧急刹车时，反应迅速，在短短几秒钟之内采取安全姿势，迅速离开车门或车窗，抵靠、抓牢旁边牢固的物体，如茶几、座椅、卧铺铁栏杆、厕所扶手等，以稳定身体，并保护好头部等关键部位，同时注意照顾好老人、小孩、病人、孕妇等。如列车脱轨或颠覆，要用硬物砸破车窗玻璃逃生。

（2）列车出轨向前冲时,切勿跳车,以避免巨大的惯性使自己的身体受伤,或碰到带电的路轨、飞落的零件等。

（3）火车停止运动,离开车厢后要注意观察周围环境,如是交通繁忙地带或隧道内,应停留在原地,耐心等待救援人员。

（4）如果发生火灾,要用湿毛巾等捂住口鼻,服从列车工作人员的指挥,有序撤出车厢;切忌慌乱,导致在车厢狭小的空间里发生拥挤踩踏。

（5）不要把红色、黄色、绿色的衣物伸出窗外,避免与铁路信号混淆,使司机产生误会而造成事故。

（6）铁路信号灯下常有电话,可利用其报警。

 你能做什么

专家告诉了我们作为乘客遇到列车事故时该怎么办,如果你在上学路上,或外出时要经过铁道,该注意些什么呢?

首先是注意交通标志,穿过道口时要左右观察,如果没有看到火车到来,还要仔细辨别,是否有火车的声音传来。通过道口时不要犹豫停留,要快速通过;如果是爸爸妈妈开车带着你,要提醒大人,铁道路口不允许掉头、超车、减速、停车。

安全标志

你认识下面这些安全标志吗?它们依次是:无人值守道口,有人值守道口,多股道的铁路道口,铁路道口距离。

无人值守道口

有人值守道口

多股道的铁路道口

50 米

100 米

150 米

铁路道口距离

三、城市轨道交通事故——循"轨"蹈矩才能安全(2)

 案例

　　2012 年 11 月 19 日 19 点 19 分,广州海珠区由鹭江开往珠影的地铁 8 号线一列列车线路短路,产生烟雾及声响,停在隧道内,乘客因恐慌自行强制打开车门,在漆黑轨道内蜂拥摸索逃生,数名乘客摔伤。同时因有乘客进入隧道,也导致了地铁恢复运营的延迟。

思考讨论

地铁等轨道交通工具在我们日常生活中必不可少，大家说一说，它有什么特点？发生事故后我们如何针对这些特点加以应对？

知识加油站

随着我国经济的发展，近年各地城市修建了大量地铁、轻轨等形式的轨道交通，成为城市常见的交通工具，但对乘客的安全教育却显滞后。城市轨道交通可因设备故障、技术行为、人为破坏、不可抗力等原因突发重大意外事故，作为在封闭状态下运营的大型载客交通工具，当其发生意外时，更易引起恐慌。

（1）轨道交通工具运行环境封闭，因此，发生事故疏散撤离时，应更加注意服从工作人员的指挥，有序撤离，避免拥挤

冲撞。

（2）当列车停滞于隧道或轻轨时，乘客应耐心等待救援人员到来，切勿撬砸车门或玻璃，甚至跳离车厢。救援人员将悬挂临时梯子并打开前进方向右侧的车门，引导乘客依次下车疏散。

（3）车厢中发现可疑物时，应迅速利用车厢内报警器报警，并远离可疑物，切勿自行处置。

（4）车厢内在运行过程中发生火灾时，应迅速通过车厢内报警器通知司机，然后利用车厢中的灭火器进行灭火。司机则应尽快停车，打开车门疏散人员。如果无法开启车门，乘客可利用身边的物品砸碎车门、窗而出。火灾初起，是否能被扑灭或扩大导致灾难，往往取决于最初快速正确的反应。

（5）列车运行中如遇到爆炸，乘客应尽量远离事故现场，并使用车厢内报警器报警；如发生毒气袭击时，乘客应远离毒源，站在上风处，用随身携带的手帕、餐巾纸、衣服等用品捂住口鼻，遮住裸露皮肤，并迅速使用车厢内报警器报警。

四、水运交通事故——"见风使舵"才能安全

 **案例**

大家都知道泰坦尼克号吧,它是一艘超级游轮,据说是当时最大的,也是最安全的客运轮船,体现了最高的技术成就。但泰坦尼克号在 1912 年 4 月从英国南安普敦到美国纽约的处女航中,于 14 日 23 点 40 分撞上冰山,2 小时 40 分钟后,船裂成两半沉入大西洋。2208 名船员和旅客中,只有 705 人生还。泰坦尼克号的沉没是死伤人数最惨重、最为人所熟知的海难之一。

 **思考讨论**

泰坦尼克号为什么会在处女行中就发生沉船事故,而且船上只有不到 1/3 的人生还呢? 大家来说说,都有哪些原因。

知识加油站

水运交通事故是指水上运输工具如船舶、浮动设施等在海洋、内河等通航水域发生的交通事故，如碰撞、触礁、搁浅、进水、沉没、倾覆、船体损坏、火灾、爆炸、主机损坏、货物损坏、海洋污染等，以及其他引起人员伤亡、直接经济损失的事故。

 专家引路

乘船过程中发生危险时，由于在水上，活动范围较小，容易引起恐慌，让专家来告诉我们怎么办吧！

（1）船只遇到事故时，由于远离岸边，切忌慌乱，要听从船上工作人员指挥，不要拥挤到船的一侧，避免造成踩踏、落水等意外，甚至导致船体倾覆。

（2）及时利用船上的通讯设备发出求救信息。

（3）如果发生火灾，可用湿毛巾等捂住口鼻，向上风位置逃避，跳水逃生时，要从上风一侧下水。

（4）船只沉没或跳水之前，应穿好救生衣或套上救生圈，并尽可能向水面抛投漂浮物（空木箱、木板、大块泡沫塑料等）。尽量不要从过高的地方（＜5米）跳水，而应利用绳梯、消防皮龙等滑入水中。入水后，要尽快游离遇难船只，以避免被抛出的物体砸伤，或被船只倾覆沉没形成的漩涡卷入。

（5）如果船只正在下沉，不要从倾倒的一侧下水。

（6）落水后不要将厚衣服脱掉，尽量集中在漂浮物附近以方便救援人员寻找。获救前尽量少游泳，以减少体力和热量的消耗。

（7）多人落水，应尽可能集中在一起，互相拥抱，一方面可以减少热量散失，同时也能互相鼓励，还可增大目标，便于搜救者发现。

你能做什么

乘船的时候，不要在靠近船舷的地方奔跑打闹，以防发生落水事故；如果船只出现了危险，最重要的是不能慌乱，按照前面的"专家引路"部分教给大家的办法进行逃生自救。

五、航空事故——折断翅膀的鸟儿

案例

2009年1月15日下午，一架美利坚航空公司的空中客车A-320班机从纽约拉瓜蒂亚机场起飞后，因遭遇飞鸟撞击导致丧失动力，最后经过机组人员的努力，成功地在哈得逊河面上迫降，150多名乘客和机组人员，仅有个别受到轻伤。随后，机组人员被当作名人对待，他们还参加了奥巴马总统的就职典礼，并以明星身份出席了"超级碗"橄榄球决赛。

2012年9月2日，瑞士航空公司由苏黎世飞往北京的航班上，两名醉酒乘客发生斗殴，致使航班在已经飞行7小时后，位于莫斯科上空时返航回到苏黎世，两名肇事者被移交瑞士当局逮捕拘留。

思考讨论

上面第一个事故中，为什么乘客和机组人员能够成功逃生呢？对于第二个事故，大家又有什么感想呢？

知识加油站

航空事故，又称飞行事故，指自飞机开始滑行至着陆后到规定位置停机期间所发生的一切事故。航空事故具有与其他交通方式事故不同的特点，主要表现在以下几个方面：(1)突发性，常难以预测。(2)灾难性，多伤亡惨重。(3)起飞和着陆阶段，机场及其附近发生最多。(4)如发生火灾，伤亡更严重。(5)人为因素及气象条件是航空事故的重要因素。

专家引路

旅客须知：

（1）旅客不要在行李或随身携带物品中夹带易燃、爆炸、腐蚀、有毒、放射性物品，或其他民航规定不能携带的危险物品。不得随身携带武器、利器和凶器。要主动接受机场安全检查。

（2）选择座位时，要尽量和家人坐在一起。

（3）登机后要熟悉机上安全出口，最好能数一下自己的座位与出口之间有几排的间隔，这样即使机舱内充满了烟雾，或没有照明，乘客仍然可以摸着椅背找到出口。

（4）仔细阅读座位后面袋中航空安全知识宣传册，认真听空乘讲解安全注意事项，有不清楚的地方要及时请教乘务人员。

（5）患有疾病的乘客乘机前应听取医生建议，了解自己的疾病风险，尤其是一些患有心脑血管疾病等的老年人。

（6）飞机场起飞、着陆时必须系好安全带，飞行途中应按要求系好安全带。

（7）机舱内突发险情，要在乘务人员的指挥下，采取避险自救措施，不要惊慌失措。案例中的第一起事故，人员能够成功逃生，重要的就是机组人员处置得当，乘客大多能镇定对待，听从指挥有序撤离。

（8）遇空中减压，应立即戴上氧气面罩。

（9）注意飞机出事前的预兆，如机身颠簸、急剧下降、机

77

舱出现烟雾、机身外出现黑烟、飞行中发生巨响,以及发动机关闭,一直伴随的飞机轰鸣声消失等。

(10)舱内出现烟雾时,一定要把头弯到尽可能低的位置,屏住呼吸戴上防烟头罩,或用饮料浇湿毛巾或手帕捂住口、鼻后再呼吸,听从机上工作人员指挥。

(11)飞机紧急着陆和迫降时,应保持正确的姿势,将可能的损伤降到最低程度。这时候,不应该坐靠在位置上,而是应该双手交叉放在前排座位上,然后把头部放在手上,并在飞机着陆之前一直保持这个姿势。降落瞬间全身用力、憋住气,使全身肌肉处于紧张对抗外力的状态,以防猛烈的冲击。

飞机紧急着陆时的正确姿势

(12)若飞机在水面上空失事,要立即穿上救生衣。

(13)要学会解安全带,以便在发生危险,飞机撞地轰响瞬间,能飞速解开安全带,迅速逃生。

(14)紧急逃离时丢掉眼镜、义齿、衣裤口袋里的尖利物品,女士应脱去高跟鞋。

(15)正确的跳滑梯姿势:双臂平举或交叉抱肩从舱内跳

出,落在梯内手臂姿势不变,双腿及脚后跟紧贴梯面,收腹弯腰至滑到梯底,站起跑开。

你能做什么

乘坐飞机要讲文明礼貌,注意自己的言行不要危害航空安全;机长及乘务员有权要求具有任何可能威胁航空安全言行的乘客离开飞机。

不要因为旅途无聊就在机舱内使用计算机、手机等电子设备,要严格遵照安全指示执行。

着装应该得体,这可不仅仅是礼貌的问题哦,比如 T 恤和短裤在起火时无法提供更好的保护,凉鞋容易使脚部受到硬物的伤害,高跟鞋则容易在走动时,尤其是紧急状况下扭伤脚踝,或被卡住。

你知道吗

据说飞机是最安全的交通工具,因为它发生事故的概率最低,按照旅行里程计算死亡率也是最低的,但也有人认为,飞机一旦发生事故,乘客生还的几率很小,应该按照交通工具使用次数,以及发生事故后死亡概率来计算风险程度。同学们,你的观点是什么呢?但不论怎样,飞行事故中人员生还的例子并不少见,发生危险时,如果我们能正确处置,必然能够增加生还概率。

第四部分
公众事故及灾难篇

　　我们生活在自然和社会之中,无时无刻不存在发生各种事故及灾难的可能,除了前面提到的自然灾害、交通事故等,还有些事故和灾难的发生,如火灾、水源污染、化学污染、放射性污染及拥挤踩踏事件等,与公众生产、生活密切相关,多由于生产、生活中忽视安全规则,不能充分认识人类活动对自然界造成的影响,以及为经济利益驱动等原因所致。这些公众事故一旦发生,就可能产生较大范围的影响,威胁到较多人的生命、健康和公私财产的安全。预防此类事件的发生,以及降低它们的危害,需要整个社会的共同努力,也有赖于我们生活在社会中的每一个个体的努力。

一、火灾——没有牙齿的吃人老虎

 **案例**

2010年11月15日14时,上海余姚路胶州路一栋高层公寓10~12层之间起火,截至11月19日10时20分,已有58人遇难,70余人受伤。事故原因是无证电焊工违章操作,装修工程违法违规、层层分包,施工作业现场管理混乱,违规使用易燃材料,以及有关部门安全监管不力等。

上海高楼火灾现场

2008年9月20日23时前后,深圳市龙岗区舞王俱乐部发生一起特大火灾,至次日凌晨2时30分,已造成43人死亡,近90人受伤,部分人员受伤是由于人们忙于奔逃,拥挤踩踏所致。调查显示起火原因是在室内燃放烟花,大厅和包厢里没有配备必要的消防器材,两个消防通道没有应急指示灯,还有杂物堆放在内;此外,消防栓月检查表也显示,数月没有检查记录。

思考讨论

同学们，俗话说水火无情，惨痛的教训告诉我们，防火应警钟长鸣，切不可掉以轻心，认为事故不会发生在自己身上。从上述两起事故中，我们还能得到什么教训呢？大家来说说吧！

知识加油站

火灾是最常见的威胁公众安全的灾害之一，人类的文明发展是与火的使用分不开的，但同时火灾的发生也给人类造成了巨大的危害。2007年6月26日，公安部下发了《关于调整火灾等级标准的通知》，根据伤亡人数和财产损失，对火灾进行了等级划分：

（1）特别重大火灾：死亡30人或以上，或者重伤100人以上，或者直接财产损失1亿元以上。

（2）重大火灾：死亡10人以上30人以下，或者重伤50人以上100人以下，或者直接财产损失5000万元以上1亿元以下。

（3）较大火灾：死亡 3 人以上 10 人以下，或者重伤 10 人以上 50 人以下，或者直接财产损失 1000 万元以上 5000 万元以下。

（4）一般火灾：死亡 3 人以下，或者重伤 10 人以下，或者直接财产损失 1000 万元以下。

（注："以上"包括本数，"以下"不包括本数，全书同。）

专家引路

不同场所发生的火灾有共同之处，也有着不同的特点，逃生和扑救也有所不同，让专家先来告诉我们应对不同火灾有什么共同之处吧！

（1）注意防火安全，加强消防安全教育，强化消防安全意识，尤其是中小学生，往往不能很好地意识到自身活动的危险性和可能导致的后果，更需要成年人督促，纠正其危险行为。

（2）熟悉火灾处置原则或程序，平时注意参加火灾处置及逃生训练。

（3）掌握火灾相关知识，根据不同的可燃物采用不同的扑救方法，如：木材、棉麻织物等固体火灾，可选择水型、泡沫、或卤代烷灭火器；煤油、酒精等火灾可选择干粉、卤代烷或二氧化碳灭火器；钾、钠、镁等金属着火，可使用粉状石墨，或专用干粉灭火器；烹调器具内油脂着火，可使用干粉灭火器等。

（4）生产场所或居家常备消防器材，不仅要熟悉使用方法，还要记得定期检查哦。

（5）牢记火警电话"119"，发生火灾时及时报警。

接着，再让专家讲讲不同场所火灾的预防和扑救、逃生方法。

85

1. 家庭火灾

多由人们疏忽大意所致,常突然发生,后果严重,日常生活中必须注意预防,避免其发生。

(1)离家时应切断电器电源,关闭燃气阀门。

(2)不要躺在床上吸烟,乱扔烟头。

(3)遇到火灾,不要围观,以免妨碍救援工作,或因爆炸等原因受到伤害。

(4)常备防火用具,如家用灭火器、逃生绳、简易防烟面具、手电筒等。

(5)如发生火灾,可根据不同情况进行紧急处置,以避免在等待救援的时间造成更大的损失:①炒菜油锅起火,立即扣上锅盖,火即可熄灭;勿用水浇,以防燃烧的油溅出,引燃其他物品。②家用电器起火,立即切断电源,再用湿棉被或衣物覆盖灭火。传统的显像管电视机目前已逐步淘汰,但仍有使用,灭火时应从侧面靠近,避免显像管爆炸伤人。③酒精火锅起火,切勿嘴吹,使用不可燃物体,如茶杯盖或小菜碟等覆盖灭火。④液化气罐失火,首先应关闭阀门,再用湿被褥衣物覆盖捂压;还可用干粉或苏打粉撒向火焰根部,在火熄灭的同时关闭阀门。⑤人身体着火,应立即脱掉衣服,来不及时可就地打滚,压灭火焰。⑥注意逃生方法,详见高楼失火。

2. 高楼失火

高层建筑发生火灾时,由于楼道狭窄、楼层高、能见度低等问题,常常导致逃生和救援困难,应注意以下几个方面,才能将火灾的伤害降至最低。

（1）保持镇静、不盲目行动最为重要，慌乱撤离常因人员拥挤阻塞通道，并造成互相践踏的惨剧。此外，高楼发生火灾时，供电系统随时会断电，因此，不能使用电梯逃生。

（2）可利用各楼层的消防器材及时扑救初起火灾。

（3）火势多向上蔓延，可用浸湿的棉被衣物裹住身体迅速向下逃离火场，但应观察火情，避免盲目向下，自投火海；逃离时可用湿毛巾捂住口鼻，背向烟火方向迅速离开，保持低姿势前进，呼吸动作要浅小。

（4）离开房间时，随手关门，阻止烟、火蔓延。

（5）切勿盲目跳楼，应迅速观察地形，利用大楼内外的阳台、外挂楼梯、缓降器等逃生；也可快速将窗帘、被单等连成较长的绳索，滑下逃生；只有在不跳楼就可能致命的情况下，或地面已备好救生气垫、楼层不高的情况才能考虑跳楼。

（6）确实无路可逃时，应关紧门窗，并用湿毛巾、床单等物品堵塞门缝，用水淋透房门，防止烟火侵入，然后呼救，等待救援；烟进入房间，可开启外窗排烟。

（7）逃生通道被火封住时，应选择窗口、阳台、楼梯口、挨近墙壁等易被救援人员发现的地方躲避。

（8）不要将杂物堆放在公共通道，否则不但容易引起火灾，还会妨碍发生火灾时的逃生及救援活动。

3．人员密集地点火灾

酒店、影剧院、超市等场所，人员密集，一旦发生火灾，应对逃生方法不当，常常导致重大人员伤亡事故。人员密集的公共场所发生火灾时，除了可按照前面讲到的家庭或高楼失火时的方法逃生，更为重要的是保持头脑清醒、镇静、有序撤离,避免因慌乱、拥挤而阻塞通道,或发生拥挤踩踏伤亡。此外,人员密集场所的安全门或非常出入口都有明显标志,平时应多加留心。

4.交通工具失火

交通工具,如汽车、火车等失火不仅毁损车辆,还会危及驾乘人员生命安全,严重影响交通秩序。交通工具发生火灾时,除前面交通事故部分讲到的一些应对措施外,还应注意以下几点。

(1)迅速停车,切断电源,用随车备用的灭火器扑救。

(2)如为汽车,应尽量驶离人员密集场所,或加油站、油罐、化工厂等特殊区域;周围群众也应尽量远离。

(3)如交通工具中有乘客,要先设法救人,再进行灭火;乘客应服从指挥,有序撤离,避免慌乱。

(4)乘员应对自身及他人的安全负责,不能心存侥幸,准许携带易燃、易爆等危险品的乘客乘坐公共交通工具。

(5)不在加油站区域吸烟、打手机;驾车进入加油站指定位置后应熄火;车辆发生故障时要推出加油站,不要在原地修车。

作为未成年人,首先是要加强安全意识,不要只顾好玩,就做出一些危险行为;其次,平时就要多学一点火场逃生技能,遇到火灾才能不惊慌失措;最后,也是最重要的,就是保护好自己,我们不鼓励儿童直接参与火灾扑救工作。

你知道吗

同学们知道"曲突徙薪亡恩泽,焦头烂额为上客"的典故吗?它出自于《汉书·霍光传》,包括了两个与火灾有关的成语,是说很多情况下,人们往往只重视事故发生后的处理,而忘记了防患于未然最重要。提前采取措施,才能防止灾祸的发生。大家还知道其他与火灾有关的成语吗?

二、水源污染——受伤的"圣水"

案例

日本的水俣病长期以来都被作为经典的环保案例讲述。1950 年,日本水俣湾的渔村中出现很多精神失常后自杀的猫狗,1953 年又出现了怪病人,发病初期步态不稳、呆痴,随后耳聋眼瞎,全身麻木,最后精神失常,身体弯弓,高叫而死。调查显示,原因是当地化肥厂将大量含有有机汞的废水排入水俣湾,鱼虾中毒后,又被人和猫、狗食用导致生病而死。据 1972 年日本环境厅公布数据显示,水俣湾和新县阿

贺野川下游有汞中毒者283人,其中60人死亡。我国也有类似事件,如江西德兴铜矿导致乐安河下游的乐平市名口镇戴村成为"癌症村",20余年中,全村有70多人死于癌症,2012年才第一次有人通过了征兵体检。

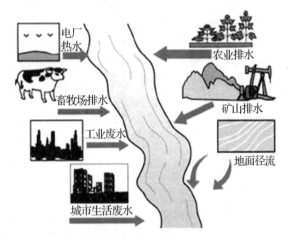

地下水污染形成的过程

思考讨论

假如有一天,江河湖海里的水都因污染而不能饮用,我们眼睁睁看着充足的水源,却要被渴死,大家有什么感想呢?

知识加油站

人们在进行生产、生活活动时,产生了大量垃圾和废料,排放后可对江河源头及上游、水库、地下水等水源地造成污染。此外,突发事件,如化学品泄漏等,也可导致水源污染。污水排放,工业废物或生活垃圾堆积,以及空气中二氧化硫浓度过高产生的酸雨是造成水源污染的主要因素。根据形成污染的成分,水源污染可分为:①来源于生活污水、城市垃圾、造纸污水等的有机质污染。②来源于化工厂、制药厂、农药厂等的有机或无机的化学品污染。③来源于洗衣粉、肥料等的磷污染。④石油化工产品和洗涤剂污染。⑤矿山开采冶炼、工业生产排放,以及一些生活垃圾来源的重金属污染。⑥来源于煤矿、工厂排放的酸污染。⑦悬浮物质污染。⑧水上交通形成的油类物质污染。

水源污染、管网污染、二次供水污染等各种因素,都能导致水中出现污染物。应对水源污染,应做到如下几点。

（1）观察水的浊度、色度、臭味、肉眼可见物等,通过感官来判断水源是否被污染,如发现水确实被污染,应及时向有关部门报告。

（2）如政府发布水源污染通知,居民应立即停止饮用被污染的水,家中可以购买确定没被污染的桶装水、瓶装水。

（3）保持镇静,不要相信小道消息或传言。

（4）接到政府部门的正式通知,水源污染问题被解决后,再继续使用原来的供水系统。

（5）出现恶心、呕吐、腹泻等胃肠道症状者,应立即就医。

同学们,我们首先要做的是增强环保意识,抵制可能污染水源的活动;第二,还要强化节水意识,在日常生活中节约

91

用水,尤其是发生水源污染时,在警报解除之前,首先要保证饮用水,尽量停止诸如洗澡、洗车等耗水量大的活动。

三、化学污染——隐形杀手

1984 年 12 月 3 日,印度博帕尔美国联合碳化物旗下的联合碳化物(印度)有限公司农药厂发生氰化物泄漏,当时即有 2000 余名居民死亡,随后死亡人数达 2 万人,20 余万人遗留残疾,直至现在,当地癌症患病率和儿童夭折比例仍高于其他地区。

包括化学工业在内的现代科技的发展给人们的生活带来了极大的便利,如尼龙、橡胶、化肥以及水泥等等,这些都是我们日常生活中离不开的物品,但同时也给人类生存环

境造成了极大的威胁。有些化工产品，如杀虫剂，曾经是人们热烈追捧的对象，被认为带来了农业生产的革命。但事实证明，这些化工产品对环境的危害也越来越重，以DDT为例，20世纪60年代末几乎在地球上的所有生物体内，都可以找到其残留物。大家对此有什么看法呢？

知识加油站

化学污染是由于化学物质（化学品）进入环境后造成的环境污染。污染物多是由人类活动或人工制造的产品，也有二次污染物。进入环境中的化学品很多对生物有急、慢性毒性，且难降解、高残留，可通过食物链等各种途径进入人体，产生致癌、致畸、致突变等危害。

危险化学品是指具有毒害、腐蚀、爆炸、燃烧、助燃等性质，对人体、设施、环境具有危害的剧毒化学品和其他化学品。对危险化学品的贮存、运输、操作等都有严格的规程，一旦发生泄漏，可能对环境、居民生命造成不可估量的损失。

93

下面是一些化学品的标签,要记住哟。

专家引路

有害化学品以较小的剂量进入环境中,不断蓄积,通过长期作用最终造成对人类健康的影响,是一个缓慢渐进而不易发现的过程,需要通过科技进步、生产应用及生活方式的改变才能彻底解决。而一定剂量的化学品短时间突然进入环境,产生的则是短时间内明显的、更容易被发现的、带有"暴发"特点的危害。对此,我们可以采取如下应对措施。

(1)发现被遗弃的化学品,不要捡拾,应立即拨打报警电话,并在事发地点周围设置警告标志,不要在周围逗留。严禁吸烟,以防发生火灾或爆炸。

（2）遇到危险化学品运输车辆发生事故，应尽快离开事故现场，撤离到上风口位置，不围观，并立即拨打报警电话。其他机动车驾驶员要听从工作人员的指挥，有序地通过事故现场。

（3）空气、土壤、水流中出现异味，或其他异常情况，如水体颜色改变，漂浮大量死鱼等情况，应警惕化学污染的发生，及时向当地政府、环保部门报告，并在事发区域画出警戒线或竖立警示标志。可疑有毒气体泄漏时，要立即撤离现场；避免使用电器，杜绝一切火源，以防火花引发爆炸。

（4）发现液体类有毒化学品大量泄漏时，可使用沙土、泥块或适合的吸附剂予以吸附，不用自来水冲洗，以防止污染蔓延。

（5）生产场所空气中出现有毒有害气体时，注意室内通风；如是居家附近工厂发生有毒气体泄漏，应尽快撤离，并向上风向转移，不能撤离者则应关闭门窗，不让有毒气体进入。

（6）如生产允许，尽量用低毒或无毒的原料替代有毒的原料，并通过改革工艺流程，降低有毒化学品的用量。

（7）从事有毒化学品相关生产的人员，注意自身防护，使用防护用品或者器具，阻止有害物进入人体。

你能做什么

青少年应从点滴小事做起，减少身边化学品，如洗涤剂、化妆品等进入环境，同时通过良好的饮食、睡眠、运动及学习习惯，也就是健康的生活方式来减小环境污染给我们身体带来的危害。青少年的首要任务是学习，只有学好了知识，才能更好地了解化学品的危害和预防方法，在将来创造出更环保的生产方式和产品。

你知道吗

1918年12月,瑞典皇家科学院宣布当年的化学奖获得者是德国人弗里茨·哈伯,其成就是9年前发明了工业化合成氨法,使人类摆脱了对天然氮肥的依赖,因此,哈伯也被认为是一个可能"解救世界粮食危机"的科学天使。但他在一战中发明了毒气战,被称为"毒气战"之父,在很多人眼里是个彻头彻尾的战争魔鬼。梭曼是1944年合成的一种毒性极强的毒气,其合成者也是一位诺贝尔奖得主——德国人理查德·库恩博士。

四、放射性污染——人类自己打开的"潘多拉魔盒"

案例

1986年4月26日,乌克兰切尔诺贝利核电站反应堆发生爆炸,产生了人类历史上最严重的核泄漏,放射污染相当于广岛原子弹的100倍。事故造成的损失,尤其是直接或间接死亡人数难以估计,各方统计不一。有报道称,事故约导致34万人疏散,大约6000平方千米的土地无法使用,当地城镇成为无人的"鬼城",直接经济损失在2350亿美元以上;放射性粉尘还飘到数千千米之外,全球20亿人受到影响,而事

故后遗症要 800 年之久才能消除,被封闭的反应堆辐射物的分化要数百万年。辐射危害巨大,事故后 3 个月内有 31 人死亡,之后的 15 年内 6 万～8 万人丧生。而国际原子能机构的报告认为:当时有 56 人丧生,47 名核电站工人及 9 名儿童患上甲状腺癌,并估计大约 4000 人最终将会因这次意外所带来的疾病而死亡。而绿色和平组织统计则显示,切尔诺贝利核事故导致 27 万人患癌,死亡的人数达 9.3 万。

废弃的教室

思考讨论

对放射性元素的研究,造福人类的同时,也如同打开了潘多拉魔盒,放出了原子弹、放射性污染这些"魔鬼",给人类带来巨大的灾难。

知识加油站

1. 放射性物质危害概述

某些物质的原子核能自动发生衰变,放出肉眼看不见也感觉不到,只能用专门仪器才能探测到的射线。这些物质称为放射性物质。一般情况下,存在于自然界中的放射性物质或射线不会对人体造成危害,但随着人类科学进步,生产活动的发展,也产生了很多人工放射性物质或辐射,如管理不当,就会导致放射性污染。放射性污染的危害是通过射线的电离作用破坏人体细胞基本分子结构,导致组织损伤,甚至危及生命;有时候射线照射产生的危害需经 20 年甚至更长时间才会有所表现,而对遗传物质的损害,如引起基因突变和染色体畸变,甚至可使几代人受害。放射性污染很难消除,射线强弱只能随时间的推移而减弱。

2．放射性污染的来源

(1)核武器试验的沉降物,含有大量放射性物质。

(2)人类生产活动,如核电站核燃料的生产、使用与回收、循环的各个阶段均可能对周围环境带来一定程度的污染。

(3)放射治疗在医学上应用广泛,但其射线源也成为主要的环境污染源。

(4)因事故、遗失、偷窃、误用,以及废物处理等失去控制而导致放射源泄漏。

(5)核电站事故是和平年代最为严重的放射性污染来源。

3．你认识这两个标志吗

第一个是电离辐射的标志,较为常用;第二个是国际原子能机构(IAEA)和国际标准化组织(ISO)于 2007 年 2 月 15

日公布的一个放射性物质危险警告标志,设置在一些含有放射性物质的设备贮源装置表面,在正常情况下不能看到,但如果试图拆卸这些设备,它就会显露出来。

 专家引路

(1)发现不明来源的金属物体,或标有电离辐射标志的物体,要迅速远离现场,并向有关部门报告,千万勿将这些物品捡回家中。

(2)不要盲目进入有放射性警示标志的地方;如果不慎误入,要尽快离开。

(3)有上述物体接触史,出现乏力、不适、食欲差、恶心呕吐、白细胞变化等情况,应及时就医。

(4)如果身体受到污染,应尽快脱掉被污染的衣服,然后用肥皂清洗全身。

(5)发生核事故时,切勿恐慌,可利用铅板、钢板或墙壁躲避,最好能留在室内,关闭门窗和通风系统;听从指挥撤离,向上风方向撤离。室外应采取措施,如穿戴帽子、头巾、眼镜、雨衣、手套、靴子等,有助于减少体表污染;戴口罩等,防止吸入放射性物质。

 你知道吗

居里夫人是第一位获得诺贝尔奖的女性科学家,也是第一个两次获得诺贝尔奖的科学家,她两次获奖的原因都是因为在放射性元素研究上的伟大成就。

五、拥挤踩踏——热闹中蕴含的危险

2005年10月25日晚，四川巴中市通江县广纳镇中心小学下晚自习放学时，楼道里的灯突然熄灭，有人大喊一声"鬼来了"，学生们蜂拥从楼梯上挤下去，结果发生严重踩踏事故，8名学生死亡，多人受伤。

四川巴中市通江县广纳镇中心小学发生踩踏事故后，有关部门调查发现，楼梯并不算狭窄，但为什么会导致上述严

重后果呢？ 如果当晚不发生停电，如果当时不是只有一个老师在场，如果同学们下楼时能秩序井然，如果发生拥挤时同学们能懂得如何自我保护，而不是惊慌地奔逃……

知识加油站

体育比赛现场或公园、灯会、歌舞厅、剧院等人多拥挤而空间有限的场所，如出现意外跌倒等情况，极容易发生踩踏致伤，而惊慌和拥挤，以及人群的整体移动，又会增加新的跌倒人数，形成"多米诺骨牌"一样的恶性循环，最终导致群体性伤害事件。

专家引路

同学们，你们一定喜欢足球比赛、明星演唱会等活动，但观看这些活动的时候，该注意些什么才能保证安全呢？

（1）进入体育场等公共场所时，预先观察安全出口、通道位置，做到心中有数。一旦遇到拥挤的人群时，要保持镇定，立即躲避到一旁，避免无组织无目的地盲目加入拥挤人群跟随移动，或慌乱逃生。

（2）老人和儿童防护能力差，在拥挤的人群中更易摔倒或受伤，应尽量避免到人群拥挤、有安全隐患的地方。

（3）行走路线应顺着人流，最好能到人流的边缘，切勿逆行，否则很容易被推倒。即使鞋子被踩掉，也不要贸然弯腰，保持稳定最重要，可尽量抓住旁边牢固的东西，待人群过去后再迅速离开现场。

（4）如果你在拥挤的人群当中出不来，将两臂平放在胸前，一手握住对侧手腕，给自己留出呼吸空间，并就近躲避，远离玻璃窗，或抓住牢固的东西站稳。

（5）发现有人摔倒，要大声呼喊，引起人群注意，以避免踩踏。

（6）如果被挤倒又站不起来，就尽量蜷缩到墙角，双手紧扣置于颈后，保护好头、颈、胸、腹部，并保证口鼻呼吸通畅。

（7）如果坐车遇到拥挤人群，建议司机尽快驶离躲避；如无法躲避，就停车等待人群拥挤过后再走。

不要慌乱

不要弯腰系鞋带

不要逆行

摔倒后采取保护姿势

下楼要讲究秩序,握好扶手

小心呀,有人摔倒了!

有人摔倒,大声呼喊

1.左手握拳,右手握住左手手腕,做到双肘与双肩平行。2.稍微弯下腰,双肘在胸前形成牢固而稳定的三角保护区,低姿前进即可。

拥挤人群中的自我保护动作

1.两手十指交叉相扣,护住后脑和后颈部。2.两肘向前,护住双侧太阳穴。

3.双膝尽量前屈,护住胸腔和腹腔的重要脏器。4.侧躺在地。

跌倒时的自我保护动作

你能做什么

同学们在日常生活中,为了保证安全,要做到以下几点。

(1)在上下楼梯过程中要举止文明,不拥挤打闹,或故意

103

制造紧张、恐慌的气氛。

（2）一定不要抱有看热闹的心理，往出事或人多的地方集中。

（3）如果你年龄较大，比如已经上高中了，发生拥挤混乱时，要尽力帮助同行的小弟弟小妹妹，如果他们很小，就把他们抱起来，尽快离开。

第五部分
居家险情篇

居家就是居住在家里的意思，前面讲到了各种各样的事故和灾害，有些同学会说，这些危险都发生在外面，我平常喜欢待在家里，房子是抗震的，天气预报会告诉大家什么时候会发生暴雨、寒潮，附近也没有化工厂，喝水只喝纯净水；即使出门，上学不用横穿马路，也很少到公共场合；还有，小时候打过预防针，平常还能坚持锻炼身体，该不会再有什么危险了吧。其实，正是因为这种想法，使我们容易产生麻痹心理，有很多危险的发生就是和我们的日常生活密切相关的，即使足不出户，如果没有足够的安全意识，同样会发生险情，危及我们的生命和健康。

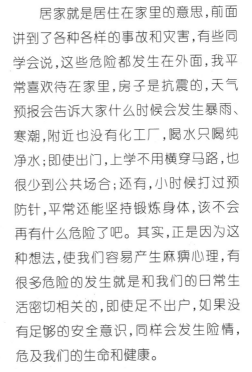

一、停水——干涸的水龙头

案例

2007年11月20日凌晨,成都一个小区停水后突然来水,一户正在装修、无人居住的房间里水管漏水。大量的自来水先流满房间,又从房门缝隙中流出,流到了电梯井里,电梯元件进水,发生短路,致使电梯无法运行,维修费用近3万元。物管和业主因分摊费用问题走上法庭,最终判决业主需对自己房屋内的水管安全负责,负担其中的1.6万元,而物管因未尽到及时通知停水、来水等责任,负担其余的费用。

2006年4月1日,南京一个小区多处张贴"居委会"发出的停水通知,于是1700多户人家用各种工具预接了很多水备用,家家户户"水"满为患。结果过了通知的时间水并未停,居委会调查发现原来是两名五年级的小女孩玩的愚人节恶作剧。

停水会造成哪些不良后果呢？如果你一个人在家停水了，应该怎么办呢？同学们畅所欲言，都来说说吧！

导致停水的原因很多，比如自来水厂发生故障、各种原因导致的输水管道破裂等。有时，维修、更新设备等情况下也需要暂时中断供水。停水不仅会给生活带来不便，还可能引发其他事故，如发生水管爆裂后，不仅使水白白流失，还可能因水流侵蚀渗透等因素引起道路塌陷。

停水后该怎么办？

（1）发生停水时，有些人喜欢打开水龙头等待，如果忘了关，就可能发生"水漫金山"的事故，不仅浪费宝贵的水资源，还可能导致财产损失，引起邻里纠纷。

（2）如果家里水管爆裂，要先设法关闭总阀，然后维修。公共场所看到较大的水管爆裂，无法关闭总阀的，要立即向自来水公司等有关部门报告，记得要说明事故准确地点哦。还有，不要在事故现场围观，否则不但妨碍维修，还可能发生次生事故导致人身伤害。

（3）停水后来水时，先适当放水，把水管内的脏东西冲出后再接水。

（4）如果发现水中有不同寻常的气味，要及时向防疫及供水部门报告，追查原因。

（5）因生活需要改装自来水管道时，应请有资质的人员进行施工，不要自己动手。

你能做什么

同学们应该从小养成节约用水，随手关闭水龙头的好习惯；发生停水时要不信谣，不传谣，不开没有限度的玩笑。

二、停电和电器事故——毁坏电器的电老虎

案例

2007年7月13日，合肥市一位居民洗澡时因热水器漏电而触电死亡，经鉴定发现，惹祸的热水器已经使用了12年之久，里面线路老化，发生了漏电，是典型的高龄家电事故。

2004年11月，北京一位居民在家中看电视睡着后，电视机起火冒出浓烟，将其呛醒，当其将消防队喊来时，家中其他两人已因一氧化碳中毒一死一伤。

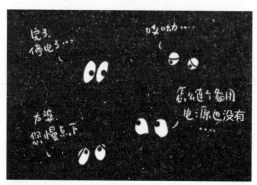

 **思考讨论**

同学们，你们能够想象生活中没有电灯、电视机、电脑、电话、冰箱、空调、微波炉、洗衣机、照相机等大大小小的家用电器的情景吗？各种各样的家用电器确实给我们的生活带来了极大的方便，可如果使用不当，也会成为"不定时炸弹"，危及我们的安全。

 知识加油站

随着人类社会的进步，电已经深入我们生活的各个角落，但因各种各样的原因，也常常遇到停电，如因维修等原因人为断电、为防止雷击等进行保护停电、短路等原因意外停电等，给生产生活带来不便的同时，也造成了安全隐患。

日常生活中，我们要使用大量的电器设备，电器发生故障时不仅仅影响了我们的使用，更应警惕它们带来的安全隐患。

专家引路

1.遇到停电怎么办

(1)同停水一样,停电也要及时关闭电源开关,以防房间无人时来电,既浪费电又会带来安全隐患。

(2)家里要有手电筒、蜡烛等备用照明工具,放在方便的地方。

(3)突然发生停电时不要着急,利用备用照明工具检查室内的配电箱,是否有漏电保护器跳开等情况,即所谓的"跳闸";使用蜡烛时记得注意防火哟;要是室外线路的原因,就得联系专门的维修人员了,可别逞能要自己动手。

2.电器安全原则

大家一定会说,谁不会开电视、打电话、玩电脑什么的呀!但是要做到安全使用,需要注意的细节还真不少。

(1)要提醒父母从正规渠道购买电器,注意生产厂家、说明书等资料是否齐全,可别贪图便宜买到"三无"或假冒伪劣产品。

(2)家电安装要请专业人员进行,安装前还要了解自己家里入户总线的负荷是多少,大功率电器要使用专门的线路和插座,可别图方便将地线接到自来水、煤气管道上。

(3)不要超负荷用电,千万不要用铜丝、铁丝、铝丝等金

111

属丝代替保险丝；也不要私自拉接电线。

（4）养成良好的用电习惯，即使短时间外出，也要拔掉电器插座；一些可以设定程序和时间后自动运行的电器，如洗衣机、豆浆机等，也不要在没人时使用；手机充电器、电脑等电源最常被人们持续插在插座中，应在使用完毕后及时拔掉；如果外出时间长，冰箱电源也应拔掉。

（5）搬动或检查维修电器时一定要首先断开电源。

（6）家中的电器要注意使用期限，长时间使用的老旧电器，要定期进行检查，电源线或零件老化、破损时，应及时更换；电器如果放了很久，重新使用前要提醒爸爸妈妈认真检查一下；不过，如果你没有足够的电学知识和培训操作经验，千万不要自己拆装电器，尤其是在通电状态下。

（7）注意观察电器是否有闪火花、冒烟，室内出现焦糊味等异常情况要警惕电器事故的发生，及时断电；如果发生了火灾时，一定要先断电再灭火，未切断电源的情况下，切勿直接使用泡沫灭火器、清水进行灭火，而应使用二氧化碳、四氯化碳、"1211"、干粉等灭火剂。

（8）不要把纸张、衣物等易燃物品放在电饭锅、电熨斗、电暖器等能够产生高温的电器旁边，也不要随便在它们上面放置东西，影响散热。

（9）浴室等潮湿环境中最好不要使用电器，要注意不要让电器进水。

（10）电器使用完毕插拔电源插头时不要用力拉拽电线，以防止绝缘层受损；发现电线绝缘皮剥落，要及时更换或用绝缘胶布包好。

（11）使用晾衣架、梯子等工具，或安装电视天线、热水器等，应与电线保持一定距离；身体和带电物体、带电物体与地面或其他设备之间要保持一定安全距离。

（13）发现电线老化、裸露，可能导致停电或触电事故，要尽快向电力部门报告维修。

 你能做什么

（1）看看自己家里的总电源在哪里，不要乱玩开关，不要用手或导电物品去接触、探试电源插座内部。

（2）接触电器时，尽量把自己的手擦干，家里做清洁时，也不要用湿布擦拭电器。

（3）要是发现伙伴触电，要尽快关闭电源，或用干燥物体把触电者和电器分开，可千万不要用手直接去拉哦；要是你的年龄还小，遇到这些情况，不要自己处理，而应该呼救，找大人帮忙。具体的处理方法可以参考后面将要讲到的"触电"部分内容。

（4）要仔细阅读说明书，向家长学习家用电器的使用方法，如果电器危险性较大，千万不要自己独自使用。

（5）不要用手或者其他物品去触摸旋转中的电扇叶片、洗衣机筒等。

（6）如果遇到雷雨天气，即使你很害怕或无聊，也不要上网、打电话，或打开电视机。

 你知道吗

很多科学家,如药物分析学家、化学家周同惠院士,光纤的发明者、诺贝尔奖获得者高锟,著名的物理学家吴健雄等,小时候都自己安装或拆卸过收音机等一些觉得好奇的东西,但是如果不能确保安全,小的电器如插线板、开关盒,还有一些大的电器,如电视机、洗衣机等,我们还是不建议大家去"探索性拆除"。

《吉尼斯世界纪录》记载,加利福尼亚一个消防站里有一只灯泡,是 1901 年生产的,除了 1903 年和 1937 年两次短时间停电以外,至今它还一直亮着,不过,那是一个特例,绝大多数家用电器都不会有那么长的寿命,时间久了,就会老化,影响安全使用。

三、触电——咬人的电老虎

案例

2009 年 8 月,天气炎热,某女工准备打开电扇,当手按到开关时,发出一声惨叫,摔倒在地,外壳带电的电扇也砸在触电者胸部。虽然家人当时发现后立即拔掉插头,但终因有较大电流通过心脏,导致伤者当场死亡。后经检查发现,原来是女工的丈夫安装插座时,误把火线接到保护接地插孔,导

三、触电——咬人的电老虎

 案例

2009 年 8 月,天气炎热,某女工准备打开电扇,当手按到开关时,发出一声惨叫,摔倒在地,外壳带电的电扇也砸在触电者胸部。虽然家人当时发现后立即拔掉插头,但终因有较大电流通过心脏,导致伤者当场死亡。后经检查发现,原来是女工的丈夫安装插座时,误把火线接到保护接地插孔,导致电扇外壳带电,造成死者触电。

2010 年 3 月 28 日某工厂利用吊车吊装货物时,吊臂上升到距 10 千伏高压线不到 10 厘米的地方时,因为货物摆动而碰触高压线,导致在下面扶着钢丝绳的工作人员触电死亡。吊运作业有安全规定:"在 10 千伏高压线下作业,安全间距不应小于 2 米。"

体本身的电生理活动,如心跳、神经传导等造成干扰,还可由于热效应造成严重的烧伤。触电对人体的伤害与电流种类、电流强度、持续时间、电流频率、电压大小及流经人体的途径等多种因素有关。以下为四种不同类型的触电情况:

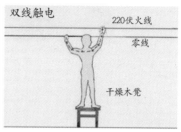

117

专家引路

同学们,看到有人触电,该怎么办呢?

(1)首先应该迅速观察判断周围情况,在确保自身安全的情况下进行施救。

(2)电流通过人体的持续时间愈长,后果愈严重。因此,施救时使伤者立即脱离电源最为重要。如电源开关距离较远,则应迅速找到绝缘物(如橡胶、木棒等)挑开电线。如果当时难以找到合适的材料,也可站在干燥的厚木板、棉被、厚塑料等绝缘物上面,然后将自己的手用干燥的衣服包裹数层,拉着触电者的衣服将其拖离电源。如果是高压触电,则要立即请有关部门停电,或由有经验的人采取措施切断电源。

使用绝缘体施救

站在绝缘工具上施救

用绝缘材料包裹双手施救

（3）看到掉落在地的高压线，切勿靠近断线点，因为以断线点中心，会形成跨步电压，导致人体触电。除派人看守、设立警示标志外，还应及时报告供电部门维修。

及时设立警示标志

（4）伤员成功脱离电源后，要快速检查其生命体征，重点注意意识、呼吸、循环情况，如发现呼吸停止，摸不到脉搏，或心律不规则、心脏停跳时，必须立即进行心肺复苏，并及时转送到医院；此外，还需注意，要给予伤者必要的防护，以防造成丧失意识、摔倒等二次损伤。

解开衣服保持呼吸畅通

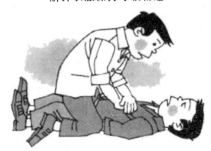

及时进行正确可行的心肺复苏

拨打电话等待救援

你能做什么

同学们,电在远古时代是一种可怕的自然现象,随着科学的发展而逐渐进入人们的生活,现在,我们已经无法离开电了。中学物理有专门关于电学的章节,如果大家能够学好这些内容,就会对如何安全用电有更深入的理解,不仅知道应该做什么,还会知道为什么要这样做。而我们在日常生活中又该如何预防触电事故呢?大家在前面已经学过一些安全用电常识,现在来说说吧!

四、电梯事故——升降中的危险瞬间

案例

某住宅楼电梯因故障停在6～7楼之间,物管值班人员在6楼将电梯井厅门和电梯轿门打开,发现电梯轿厢底部距6层地面有近1米的距离。由于夏天炎热,大家都急着出来,物管还搬来小凳放在6层厅门外让大家踩着凳子下来。一名中年女子一脚踏偏,踩在凳子边缘,凳子翻倒,女乘客从轿厢下方跌入电梯井,送往医院后因伤势太重,抢救无效死亡。

思考讨论

随着经济发展和人民生活水平的不断提高，电梯使用越来越广泛，成为我们日常生活中不可或缺的高层建筑中重要的运载工具。大家一定认为电梯谁不会用啊，但随着电梯的广泛使用，安全故障或事故也在不断发生。而调查显示，导致事故以及发生事故后人员伤亡的原因不仅与生产、安装及管理有关，更重要的是使用或处置方法不当所致。因为电梯一旦出现故障，如乘客被困、坠落等，由于处于封闭的空间，极易造成恐慌，处置不当就会带来伤亡等更大的事故。

知识加油站

如果电梯运行中突然停电，会掉下去吗？现代电梯设有多种安全装置，比如制动器，可使电梯在停电时自动制动；安全钳安装在电梯轿厢下部，可在下坠时卡住导轨；还有的电梯设有应急电源,可在突然停电时发挥作用,把轿厢送到最近楼层,然后让乘客安全出来。

（1）遵守乘坐电梯安全守则,明白电梯安全标志的含义。

乘电梯时请抓稳扶手

儿童和老人乘梯须由大人推带

小心电梯夹脚,请勿逆行

请勿在坡梯上嬉戏

（2）电梯运行失常,如出现突然加速、减速或异响等,应两腿微微弯曲,上身向前倾斜,以应对坠落等可能受到的冲击。

（3）被困电梯内时应保持镇静,立即用电梯内的警铃、对讲机或电话与管理人员联系,等待救援。无法报警时,可大声呼叫或敲打电梯门,以引起外面人员的注意。

（4）电梯停运,轿厢门又未打开时,切勿自行撬扒梯门爬出,以防电梯突然开动。

（5）发生地震、火灾、电梯进水等紧急情况时,切勿使用电梯逃生。如乘梯途中发生火灾,应就近停下,迅速利用楼梯逃生。如进水,则应将电梯开至顶层,并尽快通知维修人员处理。

1854年在纽约水晶宫举行的世界博览会上,美国人伊莱沙·格雷夫斯·奥的斯以令人恐惧的方式展示了他的发明:他先走进升降梯中,然后让助手砍断升降梯的提拉缆绳。令人惊讶的是,升降梯固定在半空中而没有坠毁,原来事先奥的斯已在升降梯中安装了他发明的安全装置。这就是人类历史上第一部安全升降梯。

五、燃气事故——当燃烧不再"安静"

2009年7月27日,刘先生到液化气站换气,另一名顾客李某到店中购买煤气灶电子打火开关,为了了解是否好用,就装上电池试了一下,结果因屋内液化气浓度过高,导致爆燃事故,刘先生、李某和液化气站工作人员被严重灼伤。

2012年11月23日19时52分,山西省晋中市寿阳县一家名为"喜羊羊"的火锅店发生爆炸燃烧事故,截至24日清晨

5 时 35 分,已造成 14 人死亡,47 人受伤。事故初步判断为液化气罐燃烧引发。

喜羊羊火锅店爆炸现场

思考讨论

燃气事故大多是由于人们缺乏安全常识或安全意识淡薄而酿成的悲剧。同学们说一下,我们如何才能避免燃气事故呢?

知识加油站

居民生活用的燃气主要有人工煤气、天然气、液化石油气及沼气等,都有易燃易爆的特点。人工煤气还含有一氧化碳等有毒成分,如果发生泄漏,就可能引发爆炸或导致人员中毒。此外,当燃气在密闭的室内燃烧时,不仅消耗氧气,产生大量二氧化碳,还可能因燃烧不充分产生一氧化碳,最终导致人员窒息中毒。

专家引路

据沈阳市燃气公司调查显示,燃气事故 99.9％是由于居民使用不当造成的,其中不同原因的事故率如下。

(1)使用后只关闭灶具开关,不关火嘴,47.7％。

(2)燃气管道老化、松动、脱落,28.6％。

(3)直排式燃气热水器在不通风的环境中使用,15.5％。

(4)看管不慎,未熄灭火焰,5％。

下图为可能导致燃气事故的不当操作:

未使用专用燃气胶管,用塑料管代替,易老化破损

安装在柜里的燃气表被堆放物品挤压致接头松动

只关灶具开关不关火嘴,管子脱落易致燃气泄漏

燃气管道悬空,没有固定,经常关闭火嘴会
带动管道晃动,易造成燃气泄漏

针对这些因素,我们应该做到以下方面。

(1)不要在空气流通不畅的室内安装使用燃气热水器等设备。

(2)不要自行随意安装、拆改燃气管道、设备,应请有资质的专业人员进行施工。

(3)经常检查燃气管道、接头、开关、阀门等处,可涂上肥皂水,观察有无气泡产生,如发现老化松动现象,应及时更换。一般情况下,塑料软管18个月应更换。

(4)使用燃气设备时,应有人照看;尽量使用带有熄火保护装置的燃气设备；切勿让燃气"空烧"。

（5）严格按照说明书安装使用燃气设备，尤其注意排烟管道的位置及是否通畅。

（6）养成随手关闭阀门的习惯。

（7）如果发现室内燃气泄漏，切勿使用排油烟机、风扇等促进燃气的排出，也不要使用电话或手机报修，应轻柔打开门窗通风，然后到室外远离现场的地方打电话。

（8）不要在燃气管道、阀门等处悬挂衣物。

（9）注意观察燃气火焰，如火苗呈橘黄色，说明燃烧不充分，应调节风门、阀门等，必要时请专业人员来进行调节或维修。

（10）使用液化气罐时，剩余的残渣不要随意乱倒。

（11）燃气调压站、调压箱、燃气井盖等附近，切勿使用明火、燃放烟花爆竹。

（12）不要在燃气泄漏的室内停留。

（13）液化气罐着火时，应快速用湿毛巾、被褥、衣物等进行扑压，并立即关闭气罐阀门。

除了上面提到的使用注意事项和避险方法外，同学们行动起来，先问问家长，家里的燃气管道安装的时间是不是很长了，再调一点肥皂水，看看它是否会"吹泡泡"。

六、煤气中毒——无色无味的致命危害

2010年2月28日晚,南京5名大学生在一家菜馆包间内吃火锅,燃料是木炭。结果3小时后,店员发现5人昏倒在房间,随即被送到医院抢救,其中一人生命垂危。事后调查显示,原来是包间通风不良,木炭燃烧产生的煤气聚集导致了5名学生中毒。

2012年4月,北京某小区居民购买了一台烟道式燃气热水器,安装工虽然按照规定没有将其安装在浴室中,而是安装在厨房里,但是图省事没有安装排烟管,结果有人洗澡时,与厨房在同侧的小卧室内一氧化碳浓度过高,导致屋中小孩中毒死亡。

 思考讨论

同学们看到或听到煤气中毒事故，有什么感想呢？其实这些事故都是可以避免的，但仍然发生了，究其原因，受害者思想认识上的欠缺和麻痹大意，是导致不幸发生的根源。

 知识加油站

煤气是一氧化碳的俗称。众所周知，生命活动离不开氧，我们通过呼吸运动吸入氧气，进入血液后，要依靠与血红蛋白结合才能运送到全身各处。而一氧化碳不仅与血红蛋白的结合能力比氧要强 200 多倍，可形成稳定的碳氧血红蛋白，而且二者结合后分离速度很慢。所以，当人吸入一氧化碳时，就会"抢占"氧结合的机会，导致人体组织细胞无法从血液中得到足够的氧气，致使呼吸困难。一氧化碳无色无味，受害者难以觉察，当出现头晕、无力等症状时，往往很快即丧失行动能力，来不及进行自救或报警。

1. 煤气中毒有哪些原因

（1）目前我国仍有地方使用煤炉取暖，还有室内烧烤、烫火锅，或在室内点燃其他可燃物，如用薰衣草熏蚊子。如果排烟不畅、通风不良，一氧化碳浓度就会增高，导致人员中毒。

（2）发生火灾时，也会产生大量一氧化碳。

（3）汽车在车库等封闭的环境中如未熄火，可产生大量

含一氧化碳的废气,导致车内人员中毒。

(4)为了使用方便,燃气热水器安装在浴室中,当通风不畅时,不仅消耗有限的氧气,还会导致一氧化碳蓄积。

(5)城市居民使用的管道煤气中一氧化碳浓度为25%～30%。烧煮时,锅中汤水溢出,火焰熄灭后,就会有煤气大量溢出。此外,管道老化、接口不严等均可导致煤气泄漏。

2.煤气中毒有哪些症状

煤气中毒后,人往往会感觉到头晕、头痛、恶心、呕吐、软弱无力、心慌等症状,如继续吸入一氧化碳,会出现面色潮红、多汗、烦躁,口唇呈樱桃红色,继而产生意识模糊、神志不清、呼之不应、牙关紧闭、全身抽搐、大小便失禁、四肢发凉、瞳孔散大、血压下降、脉搏增快、呼吸微弱或停止的症状,以致死亡。

1.煤气中毒的预防

避免煤气中毒,重在预防。

(1)尽量不要用煤炉取暖,如果使用,应安装烟筒,并经常检查是否畅通。

(2)正确安装热水器、灶具等燃气设备,并经常检查使用情况,是否存在故障及漏气等情况。

(3)热水器应安装在室外或通风良好的地方,切勿安装在浴室内。

(4)在厨房安装排风扇或抽油烟机。

（5）使用专用管道,并定期检查是否有老化、泄漏等情况。

（6）进入室内后如感到有煤气味,应迅速打开门窗,检查有无煤气泄漏,切勿点火。

2.煤气中毒的急救

如果发现有人煤气中毒了,我们该怎么办呢?

（1）发现有人煤气中毒时,应立即拨打 120 急救电话,并迅速使病人脱离有毒环境。如果无法搬动病人,则需立即开窗通风,切断煤气来源,并注意为病人保暖。因一氧化碳比空气轻,故救护者应匍匐入室。

（2）如患者仍有自主呼吸能力,应充分吸入氧气,安静休息,以尽量减少耗氧量和心肺负担。

（3）解开衣扣,保持呼吸道畅通。

（4）对呼吸心跳停止的病人,应立即采取心肺复苏法,并拨打急救电话呼救。

（5）针刺太阳、人中、合谷、涌泉、足三里等穴位可使轻、中度中毒者逐渐苏醒。

（6）应把病人送到有高压氧舱的医院,使病人尽早接受高压氧舱治疗,以减少后遗症。即使是轻症病人,也应该这样做,如因一时脱离危险而麻痹大意,不去医院,可能遗留记忆力衰退、痴呆等严重后遗症。

（7）饮食以高碳水化合物、低脂肪和含有适量优质蛋白质为宜,并适量补充维生素 A、维生素 C 和 B 族维生素等;如遗留肢体瘫痪,应加强锻炼,预防肌肉萎缩,并可进行针灸、理疗等治疗。

你知道吗

煤气是以煤为原料制取的气体燃料或气体原料，是一种洁净的能源，又是合成化工的重要原料。19世纪德国化学家 R.W.本生发明了以煤气为燃料的加热器具，称为本生灯，用于替代温度不高的酒精灯在化学实验中加热，其原理是先

Robert Wilhelm Bunsen

让煤气和空气在灯内充分混合，从而使煤气燃烧完全，温度可达 800℃～900℃，甚至 1500℃。现代燃气用具，尤其是煤气灶，就是依据这个原理制成的。

七、农药中毒——误入口中的毒药

案例

2006年5月23日，果农孙某将国家禁止用于果树的剧毒农药——甲基对硫磷喷洒到自家桃树上预防病虫害。4天

后两个邻居家的小孩偷食了桃子，结果导致中毒，其中一名 7 岁的孩子抢救无效死亡。案发后，孙某除了主动赔偿小勇家人 10 万元外，还被法院以过失投放危险物质罪判处有期徒刑 4 年，缓刑 3 年。

思考讨论

农药给农业生产带来了革命性的改变，但同时也带来了人员伤亡、环境污染、生态破坏等一系列问题。

知识加油站

农药中毒主要是由于误服或自杀、蔬菜瓜果等农作物残留，或者使用不当引起，是常见的中毒原因之一，且多为急性中毒。除消化道外，农药也可经皮肤和呼吸道吸收进入人体。当农药进入人体的量超过了人体最大耐受量时，就会影响正常生理功能，产生各种临床症状。

农药中毒会出现哪些症状呢？不同类型农药中毒表现有所不同。一般主要表现为轻者剧烈呕吐、头疼、乏力、恶心、腹痛、腹泻、胸闷、呼吸困难等，重者瞳孔缩小、嗜睡、身体抖动、肌肉颤动、肌肉痉挛、抽搐、口有异味、昏迷等。

那么，农药是通过什么途径导致污染，并进入人体的呢？我们平常的蔬菜中哪些农药易超标呢？

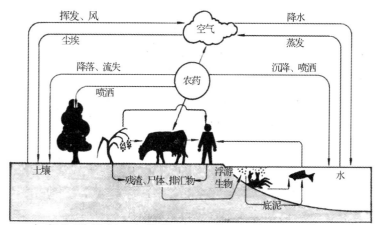

专家告诉我们，叶菜类，如白菜、青菜、鸡毛菜、韭菜、甘蓝，以及黄瓜、菜豆、芥菜等容易出现农药残留超标，而青椒、番茄、豆角、葱、蒜等则不易出现农药残留超标。

发生人员农药中毒，该如何进行现场急救呢？

（1）立即将中毒者撤离现场，脱离毒源，并采取急救措施。

（2）针对不同的中毒途径采取不同的措施。

①皮肤吸收者：尽快脱掉沾染农药的衣物，用稀释的碱

性液体或肥皂温水冲洗,但敌百虫(美曲膦酯)中毒时不能用碱性液体。

②呼吸道吸入者:立即转移到有新鲜空气流通的地方,并解开衣领、腰带,使中毒人员能通畅呼吸。

③口腔摄入者:要立即设法催吐,如饮用 200～400 毫升浓盐水或肥皂水,但如中毒者发生昏迷,为免呕吐物吸入气管引起窒息,不能采用催吐的方法。

(3)误食腐蚀性农药者不宜洗胃,可引吐后口服蛋清、氢氧化铝凝胶、牛奶等,可以起到保护胃粘膜的作用。

(4)中毒者发生昏迷并出现呕吐时,要将其头偏向一侧,防止呕吐物误吸引起窒息。

(5)当中毒者呼吸、心跳停止时,要立即进行心肺复苏。

(6)现场急救人员应做好自身防护,如戴橡胶手套、防毒面具等。

(7)现场急救的同时,应求助 120 急救,及时将中毒者送医院抢救。

(8)患者或周围人员应尽可能详细提供农药的名称、浓度等信息,以便医护人员及时采取对应的措施。

(9)家里如有农作物需要使用农药,一定要在平时多了解相关知识,强化安全意识,使用时遵守操作规程。

1939 年,瑞士化学家保罗·赫尔曼·缪勒发现了名叫"二氯二苯基三氯乙烷"的有机物,也就是滴滴涕(英文名为

DDT)。20 世纪 40 年代,DDT 在全世界的广泛使用,使伤寒、疟疾、脑炎等昆虫传播的疾病得以控制,甚至几乎绝迹,在欧洲挽救了 5000 多万人的生命;农作物产量也因 DDT 的使用获得大幅度提升。1948 年,保罗·赫尔曼·缪勒因此获得了诺贝尔奖。但随后的调查研究显示,DDT 对野生动物及人类健康造成了不可估量的伤害,因此从 19 世纪 60 年代起,DDT 相继被世界各国禁用,中国也在 1983 年停止了 DDT 的使用和生产。但在禁用多年后,DDT 的影响并未消失,美国研究显示,人体内脂肪组织和血液中近 100% 检出了 DDT 或衍生物,甚至远在南极洲的海豹和企鹅体内也找到了 DDT 的残留。

第六部分
疾病预防篇

　　人类诞生以来,就一直在同威胁着他们生存的各种各样的疾病进行着斗争。传染病在历史上曾给人类带来过巨大的灾难。随着科技进步和经济发展,虽然人类对疾病的了解不断深入,但卫生保健和生活水平越来越高的今天,它仍然是严重危害人类健康的第一大杀手。预防传染病需要我们的重视,现在,跟着本篇,一起来多多了解传染病的预防及应对措施吧。

一、各种传染病疫情——显微镜下的"野兽"

案例

人类诞生以来，就一直在同威胁着他们生存的各种各样的疾病作斗争，其中有一类疾病是由各种病原体或微生物（如病毒、立克次氏体、细菌、真菌、螺旋体、原虫等）引起的能在人与人、动物与动物或人与动物之间相互传播的一类疾病，称为传染病。

1918 年的西班牙流感导致了全世界 2000 万～4000 万人死亡。

14 世纪"黑死病"夺走 2500 万欧洲人的生命，占当时人口总数的 1/3。法国细菌学家亚历山大·耶尔森于 1894 年发现了引起黑死病的元凶——耶尔森氏鼠疫杆菌，后来曾被日本侵略军当作细菌武器在我国使用。

1812 年拿破仑率领 60 万大军攻打俄罗斯，由于体虱传播伤寒大败而归。19 世纪中叶的克里米亚战争，伤寒导致将士死亡人数是阵亡的 10 倍。

2002 年 11 月广东佛山出现首例由 SARS 冠状病毒引起的传染性非典型性肺炎，WHO（世界卫生组织）标准名称为严重急性呼吸综合

抗击非典的英雄——叶欣

141

征,简称SARS。到2003年8月5日,29个国家报告临床诊断病例8422例,死亡916例,平均死亡率为9.3%。

30年前人们发现了艾滋病,根据医学调查显示,该病毒很有可能起源于非洲丛林中的狒狒。人们虽然研究清楚了艾滋病毒的致病机理,但却无法将其治愈,每年20多万人死于艾滋病。

思考讨论

从前面的案例中,大家能得出传染病有什么特点吗?如何针对这些特点进行预防呢?

知识加油站

所有传染病的共同特点是传播都必须具备传染源、传播途径、易感人群三个环节,只要切断其中的一个环节,就可以达到防止传染病的发生和流行的目的。不同的传染病每个环节有不同的特点,具体的预防措施也有所不同。

同饮一瓶水可造成传染

病毒可通过空气传播

如果不幸得了传染病，治疗上需要求助于医生，自己能做到的就是自我隔离，避免疾病传播，并配合医生治疗。更加重要的是预防，大家能够养成良好的生活习惯，加强锻炼，提高自身抵抗力。此外，还可以看看随后讲到的各种传染病的预防措施，其中你能做到哪些呢？

1.显微镜下的微生物

微生物需要借助显微镜才能看到，它们中有些是对人类有益的，如酵母菌、双歧杆菌等，在人类的生产生活中扮演着重要的角色，如用于食品生产，在人体中产生特殊营养物质，抵御疾病等。但也有一些微生物可以导致人类疾病，这些微生物对人类的伤害要远远大于巨大的野兽。美国一位著名的微生物学家保罗·德·克鲁伊夫写过一本优秀的科普名著《微生物猎人传》，讲述的是十三位杰出的微生物学家同疾病斗争的事迹，很值得同学们一读。

2. 天花

天花是历史最长的流行性传染病，据推测可能有上万年的传播历史。中世纪的欧洲,每 4 个感染者中就会有 1 人死亡,18 世纪的欧洲因天花死亡的人口达 1.5 亿以上。16 世纪,中国发明了"人痘"接种预防天花,1681 年,当时的清政府还将人痘接种列入政府计划推广。1796 年英国医生琴纳发明了牛痘接种,成功开辟了免疫学这个新的领域。1967 年世界卫生组织(WHO)发起征服天花的战斗。1977 年 10 月 26 日,索马里出现最后一例天花患者,1979 年 10 月 26 日,WHO 宣布消灭天花,天花成为人类历史上第一个被彻底根除的传染病。

3．致命的"美丽"病毒

同学们,下面是一些致命的病毒或细菌在电子显微镜下,并经过电脑处理后的形态。它们看起来像美妙的艺术品,但它们背后隐藏的是巨大的邪恶。

(注:2005 年 10 月,美国疾病预防控制中心的一个研究小组从一名死于 1918 年西班牙流感后,尸体被埋葬在阿拉斯加永久冻土带的女性肺部组织内提取了西班牙流感病毒的基因组,并"复活"了这些致命性病毒。)

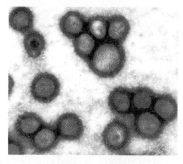

西班牙流感病毒

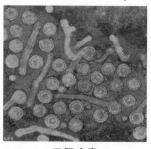

乙肝病毒

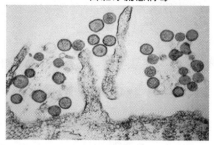

汉坦病毒

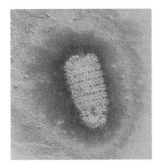

狂犬病毒

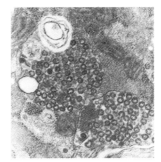

SARS(传染性非典型性肺炎)病毒

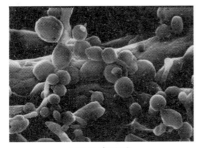

H5N1禽流感

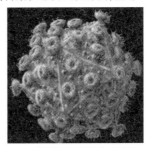

HIV(人类免疫缺陷病毒)

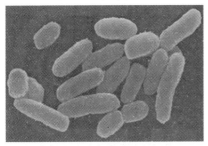

鼠疫菌

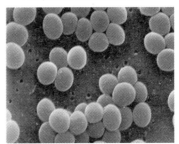

葡萄球菌

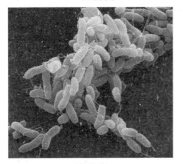

霍乱菌

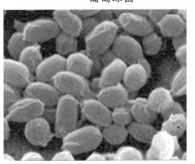

炭疽

• 流行性感冒

知识加油站

流行性感冒(Influenza)简称流感,是由流感病毒引起的,具有高度传染性的一种急性呼吸道传染病。流感主要通过含有病毒的空气飞沫进行传播,接触也可以传播。由于其发病快,传染性强,容易引起暴发流行或大流行。

流感病毒分为甲、乙、丙(A、B、C)三型,其中甲型较其他两型有更高的变异性。人发生流感后,会产生一定的免疫力,但不同型或亚型流感病毒之间没有交叉免疫。目前也没有一种疫苗可以预防所有流感。

流感的流行有如下特点:①发生突然,蔓延快,发病率高,病死率相对低,常流行 3～4 周后会自然停止。②人口聚集区,如城市、集体单位等易于流行。甲型流感可引起暴发流行,甚至世界大流行,乙型流感则呈暴发或小流行,丙型以散发为主。③我国北方地区的流行多发生在冬春季,而南方地区则全年均可流行,高峰常见于夏季和冬季。

流感患者典型的临床症状是高热、乏力、头痛、全身肌肉酸痛、食欲减退,常伴咽喉痛、干咳、鼻塞、流涕和喷嚏等上呼吸道症状。流感还有以下几种类型:表现出高热、剧烈咳嗽、咳痰、呼吸急促等的肺炎型;高热、休克、呼吸衰竭、中枢神经损害和弥散性血管内凝血的中毒型;呕吐、腹痛、腹泻为显著特点的胃肠型。本病秋冬季节高发,具有自限性,但对于婴幼儿、老年人和存在心肺基础疾病的患者,容易引发严重的并发症,甚至导致死亡。

1.如何预防流感

易于感染流感病毒,且患病后容易出现并发症的人群:儿童、老人,慢性呼吸系统疾病、心血管病、肾病、肝病、血液病、代谢性疾病患者,疾病导致免疫功能低下或服用免疫抑制剂的患者,生活不能自理者和各种原因所致的自主排痰困难者,妊娠期妇女及计划在流感季节怀孕的妇女,长期居住疗养院等慢性疾病护理机构者,18 岁以下青少年长期接受阿司匹林治疗者。这些人是重点保护对象。

(1)保持室内空气流通是最好的预防措施。

(2)流感流行季节尽量避免去人群聚集场所。

(3)咳嗽、打喷嚏时使用纸巾遮挡口鼻,避免飞沫传播。

(4)勤洗手,避免脏手接触口、眼、鼻。

(5)流行期间如出现流感样症状及时就医,并减少接触他人,尽量居家休息。

(6)患者应与家人分餐、分居,用具要彻底消毒。

(7)流感患者应呼吸道隔离 1 周或至主要症状消失。

(8)加强户外体育锻炼,提高身体抗病能力。

(9)秋冬气候多变,注意加减衣服。

(10)社区或单位出现流感样症状的患者时,应尽快进行病原学检测,确诊后应入院治疗或居家修养,减少与他人接触。

(11)接种流感疫苗是最有效的预防方法,但由于流感病毒变异性较强,需每年根据 WHO 监测全球流行情况所确定的毒株进行接种,才能获得有效保护。

2.得了流感怎么办

(1)最重要的是尽快就医,在医生的指导下进行治疗,切勿相信所谓的"偏方"。

(2)多饮水,以白开水为主。

(3)饮食要清淡,易于消化,富含维生素。尽量少吃咸食,因咸食易使致病部位黏膜收缩,加重鼻塞、咽喉不适等症状,且容易生痰;少吃烧烤煎炸食物,此类食物的气味刺激呼吸道及消化道可致黏膜收缩,病情加重,而且也不易消化。

(4)戒烟戒酒。

(5)保持充足的睡眠和休息。

(6)注意观察病情变化,一旦出现并发症及时处置。

(7)最后要强调的是,流感是病毒感染性疾病,抗生素,也就是常说的所谓"消炎药"是没有作用的,如果没有合并细菌感染的迹象,完全没有必要使用,盲目使用"消炎药",反而可能带来其他副反应。当出现发热时,不要盲目使用解热镇痛药,如阿司匹林的应用可导致"瑞氏综合征"发生,选用物理降温为佳。

· 鼠疫

知识加油站

鼠疫是由鼠疫杆菌引起的烈性传染病。鼠疫杆菌属于耶尔森氏菌属,对外界抵抗力强,在寒冷、潮湿的条件下,不易死亡,在－30℃仍能存活,于5℃～10℃条件下尚能生存。

可耐直射日光 1～4 小时,在干燥咳痰和蚤粪中能存活数周,在冻尸中能存活 4～5 个月,但对一般消毒剂、杀菌剂的抵抗力不强,对链霉素、卡那霉素及四环素等抗生素敏感。鼠疫流行于野生啮齿动物,可传给家鼠,再通过鼠蚤,经人的皮肤传入引起腺鼠疫,经呼吸道传入发生肺鼠疫。以上两种疫病均可发展为败血症,传染性强,死亡率高。因此,鼠疫是危害人类最严重的烈性传染病之一,属国际检疫传染病,在我国《传染病防治法》中被列为甲类传染病之首。

不同类型的鼠疫表现有所不同,一般最早出现的症状是高热,伴有淋巴结肿痛、咯血、呼吸困难急促,颜面潮红,结膜充血,恶心呕吐,头及四肢疼痛,皮肤、黏膜出血,继而出现意识模糊,言语不清,步态蹒跚,心力衰竭和血压下降等症状。腺鼠疫以局部淋巴结红肿热痛等表现为主;肺鼠疫则有咳嗽、气促、发绀、咯血、胸痛等呼吸道症状,患者可在 2～3 天内死于休克、心力衰竭等,死亡病例呈高度发绀,皮肤紫黑的症状,故有"黑死病"之称。发生败血症则可引起感染性休克、DIC(弥散性血管内凝血)及广泛皮肤出血坏死;治疗不及时,患者常于 1～3 天内死亡。

我们该如何预防可怕的鼠疫呢?

(1)管理传染源:消灭老鼠、跳蚤,严密隔离患者,严格消毒物品,彻底焚烧尸体(包括动物和死于鼠疫的病人)。

(2)切断传播途径:加强检疫,对来自疫区的交通工具严格检疫并灭鼠灭蚤。对可疑旅客应隔离检疫。

(3)保护易感人群:进入疫区的人员应做好个人防护,预

149

防性服用磺胺嘧啶、四环素等药物；预防接种对易感人群的保护也非常必要。

(4)避免到鼠疫疫源地，与活的或已死亡的旱獭等动物接触；避免与鼠疫患者接触；发现鼠疫患者或疑似患者，病、死旱獭等要及时报告。

(5)疫源地内，或到过疫源地的人员，如出现突发高热、淋巴结肿大或咳嗽等症状，应立即就诊，采取隔离措施，并及时报告防疫部门。

• 病毒性肝炎

 知识加油站

病毒性肝炎是由肝炎病毒引起的一种传染性疾病，是法定乙类传染病，分为甲、乙、丙、丁、戊 5 种类型。甲型、戊型肝炎一般通过饮食传播。毛蚶、泥蚶、牡蛎、螃蟹等均可携带甲肝病毒，主要表现为急性肝炎。乙型、丙型和丁型肝炎主要经血液、母婴和性传播。可以呈急性或慢性肝炎的表现，部分慢性乙型肝炎患者还可能发展为肝癌或肝硬化。

病毒性肝炎的主要症状是身体疲乏、食欲减退、恶心、腹胀、肝脾肿大及肝功能异常，部分病人可能出现黄疸。乙肝、丙肝病毒携带者可能会无任何肝炎症状。

 专家引路

1. 我们该如何预防肝炎

良好的生活习惯，尤其是注重饮食卫生，是肝炎预防的要点。

（1）肝炎患者应暂时调离食品、水源、幼教等工作岗位。

（2）不与肝炎患者共用餐具及其他生活用品。

（3）不与肝炎患者共用一个厕所，便池需及时消毒。

（4）养成饭前便后勤洗手的习惯。

（5）生熟食物分开放置，避免污染。

（6）勿生食螃蟹、毛蚶等水产品。

（7）生食瓜果蔬菜要洗净。

（8）对甲型、戊型肝炎重点采用消化道疾病的隔离措施，如加强水源管理，保护水源，提高环境卫生水平，加强食品卫生监督，注意食品卫生，养成良好的卫生习惯等。目前甲肝已有疫苗可用于预防。

（9）乙型肝炎及丙型肝炎按血液传播性疾病来预防，如加强献血检测管理，接触患者血液及体液时注意防护，不共用剃须刀及牙具等，理发用具、穿刺和文身等用具应严格消毒及性接触时使用安全套。目前已有成熟乙肝疫苗，按照 0、1、6 个月程序需接种 3 针，阻断母婴传播时还需在婴儿出生后 24 小时内尽早注射乙型肝炎免疫球蛋白。但丙型肝炎目前尚无有效的疫苗问世。

2．如果得了肝炎该怎么办

（1）肝炎患者自发病之日起需进行 3 周的隔离。

（2）得了肝炎，要及时到医院就诊，由医生根据不同的肝炎类型给予相应的治疗。

（3）服药前要看说明书，慎用对肝脏有损害的药物。

（4）避免饮酒、疲劳，病情好转后可适当增加活动量。

（5）饮食以易消化的清淡食物为宜，应含多种维生素，有足够的热量及适量的蛋白质。蛋白质摄入争取达到每日60～80克,适当补充 B 族维生素和维生素 C,进食量过少时可以静脉补充葡萄糖及维生素 C,不强调高糖及低脂肪饮食。

· 红眼病

知识加油站

红眼病是传染性结膜炎的俗称,是由流感嗜血杆菌(Koch Weeks)、葡萄球菌、肺炎双球菌、链球菌等细菌,以及肠道病毒 70 型、科萨奇病毒 A24 型变种、腺病毒等病毒引起的急性传染性眼炎,二者症状相似,但病毒性的红眼病流行程度和危害性更重。红眼病以接触传播为主,接触患者用过的毛巾、脸盆、电脑键盘,或者洗浴、游泳等均有感染此病的机会。因此,该病常在幼儿园、学校、医院、工厂等集体单位广泛传播,造成暴发流行。

红眼病发病急,传染性强,流行快,从几个月的婴儿至八九十岁的老人都可能发病,常双眼先后发病,主要症状有眼部充血肿胀、畏光、烧灼、有异物感,结膜上可出现小出血点,分泌物增多。红眼病一般不影响视力,但如果细菌或病毒感染影响到角膜时,视力则可能出现一定程度的下降。

专家引路

如果你不幸患上红眼病,要自觉采取措施,不要让自己成为传染源,如果身边的伙伴患病了,就要注意不被传染。

（1）患者要及时就诊，告诉同学及周围的人注意预防。

（2）患者应自觉不去人群聚集的商场、游泳池、公共浴池、工作单位等公共场所。

（3）患者自己用过的毛巾，可用沸水煮 15 分钟进行消毒。

（4）患病初期热敷会使眼球充血，炎症可能扩散引起并发症，因此宜用冷敷，有助于消肿退红；此外，要听从医生的建议使用抗生素及抗病毒的滴眼液治疗。

（5）红眼病人接触过的公共物品，要用含氯消毒剂进行消毒。

（6）当学校等人群聚集的场所出现红眼病患者时，应报告卫生防疫部门。

（7）为预防红眼病，外出时应携带消毒纸巾，不用他人的毛巾擦手、擦脸；外出后回家、回单位时，应使用流动的水洗手、洗脸。

（8）养成不用脏手揉眼睛的习惯。

（9）尽量不去卫生状况不好的美容美发店、游泳池，那里有可能成为红眼病的传染源。

·霍乱

知识加油站

霍乱是由霍乱弧菌引起的，经消化道传播的烈性肠道传染病，是两种甲类传染病之一。它发病急，传播快，病死率高，多发生在每年的 4～10 月。

霍乱的传播途径中，患者和带菌者是传染源，可经饮水、食物、苍蝇、日常生活接触而传播。水最容易被病人排泄物污染,霍乱弧菌在水中可存活 5 日以上,有时长达数十日,因此,水是进行监测的重点。

霍乱的典型症状是剧烈腹泻,大便呈米泔水样,无腹痛,不发烧。继而出现脱水及电解质紊乱,引起循环衰竭、休克、尿毒症或酸中毒,甚至死亡。

专家引路

(1)霍乱病人应多饮水、进食。婴幼儿应继续母乳喂养。

(2)发现疑似霍乱症状,及时报告卫生防疫部门。

(3)确诊病人要在医院接受隔离治疗,并向医务人员如实提供进餐地点、所用食物和共同进餐人员名单。

(4)病人用过的餐具,接触过的生活用品、办公用品都应彻底消毒,被病人的呕吐物、排泄物污染的物品,要进行焚烧处理。

(5)注意实施灭蝇措施。

·流行性出血热

知识加油站

流行性出血热又名肾综合征出血热,是由汉坦病毒引起的急性、地方性、自然疫源性传染病,病情危急,并发症多,病死率高。其主要病理变化是全身广泛性的小血管和毛细血管的损害。

流行性出血热的传染源主要是小型啮齿动物,如家鼠、

田鼠等,家兔、猫、犬等 66 种脊椎动物。主要传播途径是通过伤口、呼吸道、消化道、螨虫,以及胎盘母婴垂直传播等。我国是流行性出血热发病的主要国家,占全世界病例数的 90.4%。

流行性出血热的潜伏期为 5～46 天,多为 1～2 周,典型症状是三大主征以及发热、低压、少尿、多尿与恢复期等五期临床过程。三大主征如下所述。

(1)发热:可伴有乏力、"三痛"(头痛、腰痛、眼眶痛)和"三红"(颜面红、颈红、上胸部红)、食欲不振、恶心呕吐等消化道症状。

(2)出血:两腋下、上胸部、颈部、肩部等处皮肤有散在、簇状或搔抓状的瘀点或瘀斑。起病后 2～3 日软腭充血明显,有多数细小出血点。有些患者则可发生鼻出血、咯血或腔道出血,表示病情较重。

(3)肾脏损害:尿液化验蛋白阳性,少尿甚至无尿等。

专家引路

每年的 3～5 月和 10～12 月,是流行性出血热发病的高峰季节,应注意防范。

(1)及时送医院,确诊后进行隔离治疗。

(2)发热患者切勿自行用各种发汗解热药物。

(3)患者应卧床休息,并注意保暖,定时翻身。

(4)饮食应清淡易消化,且营养丰富,富含热量、蛋白质和维生素,少量多餐。

(5)护理病人时准确记录每日进食及饮水量,以及尿量、大便情况等,以方便医生计算液体出入量。

(6)病人用过或接触过的物品应进行严格消毒。

155

（7）如到该病的高发区旅行，对易感人群接种疫苗。

（8）加强灭鼠防鼠工作，看到死鼠时应深埋或焚烧。

（9）灭螨防螨：要保持屋内清洁、通风、干燥，必要时可以用过氧乙酸等消毒灭螨。

（10）做好个人防护：避免直接用手接触鼠类及其排泄物等；流行季节避免坐卧草地，不在草地上晒衣服；劳动时防止皮肤破损，破损后要及时消毒包扎伤口；如到野外活动，要穿袜子，扎紧裤腿、袖口，以防螨类叮咬；家中食品不要暴露摆放，以防被老鼠污染。

持续性感染的啮齿类动物

Bunyaviridae
Hantavirus genus

通过种内打斗、嘶咬水平传播

病毒存在于排泄物及分泌物，尤其是尿液

Bunyaviridae
Hantavirus genus

怀疑鼠类污染了环境，可以进行消毒。一般的物理、化学消毒剂均可使汉坦病毒灭活。

· 狂犬病

知识加油站

狂犬病毒由狂犬病病毒进入人体所致的人畜共患传染病。表现为极度神经兴奋乃至狂暴,继之局部或全身麻痹而死亡。该病流行性广,病死率100%。

狂犬病毒可存在于狼、狐狸、蝙蝠等野生动物及狗、猫、牛等家养动物体内,被携带病毒的动物咬伤就有可能感染狂犬病毒;也可由于和动物密切接触,如狗舔肛门、宰狗、切狗肉等,病毒通过不显性损伤的皮肤和黏膜破损进入人体,引起感染。在大量感染蝙蝠的密集区,其分泌液造成气雾,可通过呼吸道感染。甚至有角膜移植引起感染的报告。

狂犬病病毒进入人体后潜伏期一般平均20~90天,有短为3天和长达19年者,它主要侵犯神经组织,出现相应的症状。常见发烧、头疼、恐水、怕风、畏光、四肢抽搐、喉肌痉挛、牙关紧闭、进行性瘫痪等,最终患者常死于衰竭或呼吸肌麻痹和喉肌痉挛窒息。

专家引路

人感染狂犬病的死亡率为100%,因此,重在预防。

被犬类抓伤或咬伤后,立即把伤口处污血尽量挤出,然后用淡肥皂水反复冲洗伤口,再用清水冲洗干净。最后再涂擦浓度75%的酒精或碘酒。只要未伤及大血管,未流血不止,就不要包扎伤口。

157

伤后 24 小时之内接种狂犬病疫苗,然后在第 3 天、7 天、14 天和 28 天再各注射一次。

如果皮肤形成穿透性咬伤,伤口被犬的唾液污染,在注射狂犬病疫苗的同时,必须注射抗狂犬病血清。

动物牙齿上有各种细菌和病毒存在,因此伤口易感染化脓,尤其是可能感染破伤风,因此也应注射破伤风抗毒素预防针。

暂时隔离攻击人的动物,并报告公安、卫生部门及动物防疫监督机构。

发现犬类动物出现精神沉郁、不爱动、喜卧暗处、唾液增多、行走摇晃、攻击性增强、恐水等症状,应立即报告卫生部门及动物防疫监督机构。

·非典型性肺炎(SARS)

 知识加油站

严重急性呼吸综合征(Severe Acute Respiratory Syndromes,SARS),也称非典型性肺炎,是一种由新型冠状病毒引起的呼吸道症候群。该病具有较强的传染性,症状与流感和肺炎不易区别,如不及时治疗,会导致病人死亡。

密切接触是非典型性肺炎的主要传播途径。常见呼吸道飞沫、直接接触病人呼吸道分泌物、体液传播。因此,医务人员、患者家人等是高危人群。

非典型性肺炎的症状是发热、干咳、呼吸急促、呼吸困难等,常伴有头痛、肌肉酸痛、乏力等情况。

（1）如发现病人，应立即将其送医院就医，一旦确诊，需住院隔离治疗。

（2）积极配合流行性疾病调查人员做好相关调查。

（3）尽量不在通风不畅和人员聚集的地方长时间停留。

（4）住宅和工作场所都要经常开窗通风，即使冬天也应每天通风 3 次，每次 10～15 分钟。

（5）勤洗手，勤消毒，不随地吐痰，打喷嚏、咳嗽时一定要捂住口鼻。

（6）如果与病人有过密切接触，要定时测量体温。

· 手足口病

手足口病是由柯萨奇病毒等多种肠道病毒引起的儿童传染病，5 岁以下儿童常见，可引起手、足、口腔等部位的疱疹，少数患儿还可引起心肌炎、肺水肿、无菌性脑膜脑炎等并发症。如果病情进展快，还可能导致死亡。

如果不幸感染，可有发烧、口腔、手、足等处出现米粒大小水疱，四肢和背部疼痛，胃肠痉挛，呕吐，咽喉疼，吞咽困难，腹泻等症状。重症者有可能并发心肌炎和脑炎。

（1）及时送患儿就医，避免与外界接触，一般需要隔离

159

一周。

(2)患儿用过的物品要彻底消毒,或用消毒液浸泡,或在日光下曝晒。

(3)剪短患儿指甲,避免抓破皮疹。

(4)日常生活中做到勤洗手、不喝生水、保持室内空气流通、勤晒衣被。婴幼儿尽量少去人群密集场所。哺乳的母亲要勤洗澡、勤换衣服,喂奶前要清洗奶头。

• 禽流感

 知识加油站

禽流感是一种主要流行于鸡群中的烈性传染病,也叫真性鸡瘟,是由甲型流感病毒的一种亚型(也称禽流感病毒)引起的,但有时也会感染人类,死亡率达到33%,如果是高致病性禽流感,则可达到60%。

患禽流感的病鸡表现出精神低迷,进食减少,消瘦,并表现出轻重不等的呼吸道症状,包括咳嗽、打喷嚏和大量流泪等,头部和脸部水肿,神经紊乱和腹泻。母鸡产蛋量下降。人类感染后临床表现与流行性感冒相似,但症状重、并发症多、病死率高、疫苗接种无效,与普通流感有一定区别。禽流感主要表现为发热、流涕、鼻塞、咳嗽、咽痛、全身不适等,部分病人可有恶心、腹泻、腹痛、稀水样便等消化道症状,体温多持续在39℃以上。一旦引起病毒性肺炎,可导致多脏器功能衰竭,死亡率高。

禽流感主要在家禽及野生禽类之间传播,可传染给人,但人与人之间不能传染。禽流感病毒主要通过消化道、呼吸道、皮肤粘膜的损伤等多种途径传播。

 专家引路

禽流感的传播特点告诉我们,控制禽类接触是预防重点。

(1)发现禽类发病急、传播迅速、死亡率高等情况,应迅速向当地动物防疫机构报告。一旦发现禽流感疫情应按有关规定将家禽就地杀灭、深埋,并对疫源地进行封锁并彻底消毒。

(2)避免接触染疫禽类,处理病禽时应注意防护,戴口罩、手套等。

(3)密切接触禽类后要注意监测,身体如出现禽流感染症状,要及时就诊。

(4)注意饮食卫生,食用禽类制品要高温煮熟煮透。尽量减少与禽类不必要的接触。处理活鸡、冷冻鸡肉后,要彻底洗手。

(5)加强体育锻炼,避免过度劳累。

(6)保持室内空气流通。

(7)避免到禽流感疫区旅行。

(8)避免接触染疫动物。

(9)不要喂饲野鸽或其他雀鸟,如接触禽鸟或禽鸟粪便后,要立刻彻底清洗双手。外出在旅途中,尽量避免接触禽鸟,例如不要前往观鸟园、农场、街市或到公园活动,不要喂饲白鸽或野鸟等。

·炭疽

知识加油站

炭疽是德国兽医 Davaine 在 1849 年首先发现的炭疽杆菌引起的人畜共患急性传染病。炭疽杆菌可形成芽孢,在动物尸体及污染泥土中存活数年,并具有耐热的特点,干热 150℃ 可存活 30～60 分钟,在湿热的 120℃ 需 40 分钟才可被杀死。由于其毒力强、易获得、易保存,曾被作为生物武器使用。当食草动物接触芽孢而感染时,人类可因接触病畜及其产品而感染。炭疽杆菌可从皮肤、呼吸道、消化道等部位侵入,并引起皮肤炭疽、肺炭疽或肠炭疽。炭疽发病多见于卫生条件差的地区,且带有一定职业特征,与畜牧生产及加工行业有关。

炭疽患者一般有与患病牲畜的密切接触史,潜伏期与感染途径有关,一般情况下,皮肤炭疽为 1～5 天,肺炭疽可短至 12 小时,或长达 12 个月,肠炭疽为 24 小时。皮肤炭疽以裸露部位多见,可出现斑疹、水疱、溃疡及黑色煤炭样焦痂,发病 1～2 天后可有发热、头痛、局部淋巴结肿大等;也可出现大面积的组织水肿,迅速扩散。肺炭疽可有低热、干咳、周身疼痛、乏力等流感样症状,病情可逐渐加重,发生出血性肺炎、呼吸困难等情况。肠炭疽相对少见,主要表现为腹痛、腹胀、腹泻、呕吐、高热及血性大便。无论是哪一类型的炭疽患者,都有可能发生败血症的严重全身毒血症与出血倾向,导致死亡。炭疽确诊需要到医院进行细菌涂片染色及培养鉴定。

 专家引路

（1）炭疽与其他传染病一样，预防措施重在隔离，对疑似患病的动物及同群动物应立即隔离，限制移动。动物尸体应焚烧或深埋处理，严禁宰剥。

（2）发现疑似炭疽疫情立即向当地动物防疫监督机构报告。

（3）处理病畜、死畜或护理病人时，需严格做好个人防护工作。

（4）病人使用过的物品，需严格消毒；排泄物进行消毒处理，将用过的敷料焚毁。

（5）目前有多种炭疽疫苗，常与动物接触的高危人群可进行接种。

（6）炭疽的治疗原则是严格隔离，早诊断，早治疗，可根据医生的建议使用抗生素以杀灭机体内细菌。

· 艾滋病

 知识加油站

艾滋病是获得性免疫缺陷综合症英文名称缩写（Acquired Immune Deficiency Syndrome，AIDS）的音译，由人类免疫缺陷病毒（Human Immunodeficiency Virus，HIV）感染所致。感染 HIV 病毒后，人体免疫功能严重受损，继而并发一系列机会性感染及肿瘤，严重者可导致患者死亡。目前，

163

艾滋病已成为严重威胁人类健康的公共卫生问题,据 WHO 统计,2010 年全世界 HIV 携带者及艾滋病患者共 3400 万,新感染例数达 270 万,全年死亡 180 万人。

艾滋病传染源只有患者及 HIV 感染者,病毒可存在于血液、精液、阴道分泌物、乳汁中,通过性行为、共用注射器静脉注射吸毒、母婴传播、使用血液及血制品,以及人工授精、器官移植等途径传播。握手、拥抱、一同进食、共用厕所和浴室,以及共用办公室、娱乐设施、钱币及一些公共设施等日常接触不会感染 HIV 病毒。此外,蚊虫叮咬也不会传播 HIV。

最初感染 HIV 后可在 2～4 周左右出现发热、咽痛、盗汗、恶心、呕吐、腹泻、皮疹、关节痛、淋巴结肿大及神经系统症状,多数症状轻微,容易与普通感冒等疾病混淆。随后患者可进入一般持续 6～8 年的无症状期。当进入艾滋病期时,可表现出持续发热、盗汗、腹泻、体重下降,以及记忆力减退、性格改变、头痛、癫痫等。此时,由于免疫功能严重受损,患者就会发生一些正常人不容易发生的感染性疾病及肿瘤。

专家引路

青少年应加强自身辨识是非、抵制不良诱惑的能力,日常生活中应做到以下几点。

(1)避免不安全的性行为,尤其是性乱交、嫖娼等活动。

(2)坚决抵制毒品,尤其是共用注射器吸毒。

(3)不要随意穿耳洞、文身、文眉。

(4)不共用牙具或剃须刀。

（5）不到非正规医院进行检查及拔牙、打针等治疗。

（6）日常生活中如遇到不了解情况的意外受伤者，不要接触伤者的血液；自己尽量少输血或使用血液制品。

如果一旦发现自己感染了艾滋病，请不要惊慌，要树立生活的信心。目前，艾滋病已经从一种致死性疾病变为一种可控的慢性病，只要及时就诊，按医生的指导进行治疗，就可以获得长期的控制。此外，应注意自我防护，防止 HIV 的进一步传播。

二、食物中毒——吃出来的问题

 案例

2011 年 4 月 23 日晚，长沙市岳麓区莲花镇五丰村一户人家举行婚宴，两百余人出现身体严重不适，其中 91 例确定为食物中毒，调查显示，患者高度怀疑瘦肉精中毒。

2010 年 10 月 23 日，四川崇州市龚某为儿子举办婚宴，多人出现腹痛、腹泻症状，共有 396 人就诊，123 人住院治疗，确诊中毒 48 人。据崇州市疾控中心调查显示，该事件的原因是红烧甲鱼和香辣蟹未彻底煮熟煮透，导致副溶血性弧菌食物中毒。

2009年3月30日上午,湖北十堰小博士幼儿园突发儿童食物中毒事件,128名儿童、7名教职工出现中毒症状,其中10名儿童症状较重。当地卫生部门初步诊断为亚硝酸盐食物中毒。

 思考讨论

网络和其他媒体报道显示,我国食物中毒事件频发,同学们能谈谈这是为什么吗? 如何避免这些事件的发生呢?

 知识加油站

食物中毒通常指吃了含有有毒物质或变质的肉类、水产品、蔬菜、植物或化学品后,感觉肠胃不舒服,出现恶心、呕吐、腹痛、腹泻等症状,共同进餐的人常常出现相同的症状。可分为细菌性食物中毒、真菌性食物中毒、化学性食物中毒。

食物中毒的表现主要有:剧烈呕吐、腹泻,伴有中上腹部疼痛,常会因上吐下泻而出现脱水现象,严重时会出现休克。

同学们虽然不是医生,但学一点食物中毒的预防和急救知识,在出现紧急情况时,救治自己的同时,也可以帮助他人。

1.预防食物中毒,要做到以下几点

(1)不吃不新鲜或有异味的食物。

(2)不要自行采摘蘑菇、鲜黄花或不认识的植物食用。

(3)扁豆一定要炒熟后再吃,不吃发芽的土豆。

(4)从正规渠道购买食品。

(5)生熟食物分开放置,肉类食品应烹调熟后再食用。

(6)存放化学药品的瓶子要有明显标志,并放在儿童无法接触的地方。

2.食物中毒的急救措施

(1)如果身边的人发生了食物中毒,要尽快采取措施处理。

(2)食物中毒患者的救治,时间最为宝贵,从发病时间可初步判断毒物类型,如化学毒物和动植物毒素中毒常以分钟计算,生物性(细菌、真菌)食物中毒则多以小时计算。

(3)立即停止食用可疑食品,喝大量洁净水稀释毒素,用筷子或手指向喉咙处刺激咽后壁进行催吐,出现抽搐、痉挛症状时,用手帕缠好筷子塞入病人口中,防止咬破舌头。

(4)及时将中毒者送医院抢救,并将呕吐物或排泄物带去医院检验。

（5）了解与病人一同就餐的人有无异常，并告知医生。保管好就餐的剩余食品，以便有关部门采样检验。

（6）要及时向疾病预防控制机构或卫生监督机构报告。

第七部分
社会安全篇

什么是社会安全呢？就是针对普通治安案件、恐怖袭击事件、经济安全事件等社会事件的知识、安全措施、对策等。同学们应该知道，整个社会的安全程度取决于社会发展程度，受到经济和文化发展水平、社会制度、历史文化等各种因素的影响。我们国家正处在经济的转型期，虽然经济呈现出快速的发展，但社会上也存在各种各样的不安定因素，因此也就产生了偷盗、诈骗、恐怖袭击、传销等事件或犯罪活动，危及整个社会安全的同时，也危害到了我们每个人的生命、健康和利益。这些意外事件一旦发生，对于每个家庭来说都是不能承受之重。

一、盗窃——你的麻痹就是纵容

 案例

某大学新生宿舍入住了 8 名同学，一天晚上，某男生宿舍来了一个陌生男子，径直坐到靠门口的下床，随手翻动着床上的书报，在宿舍的 3 名同学也没有在意。几分钟后，男子自言自语说："哎呀，烦死啦，不等他了！"说着打了声招呼就离开了。住在下床的同学回来后发现枕头下的 MP3、钱包等物品不见了。

 思考讨论

窃贼常常利用人们的麻痹心理作案得逞，那么我们该如何防范盗窃呢？

知识加油站

盗窃指以非法占有为目的,秘密窃取数额较大的公私财物或者多次窃取公私财物的行为。

 专家引路

1.如何预防盗窃的发生

告诉家长大量现金不要存放家中,应存入银行,如果你已经办理了自己的存折或信用卡,一定要妥善保管,不要与身份证、户口簿等证件放在一起。

提醒家长贵重物品不要放在引人注意的地方,高档商品应记录明显标志及出厂编号等登记备查。

外出或睡觉前应检查门、窗是否关好,如所住楼层不高,易于攀登的地方要用铁丝等适当防护,通往顶楼的门也要关闭。

家里钥匙不要乱扔乱放,丢失钥匙要及时更换门锁;如果你年龄较小,最好不要带钥匙,更不能将钥匙挂在脖子上;另外,问问家长家中门锁是否已经使用较久,最好更换防盗锁芯;此外,还可安装自动报警门锁,一旦被非法开启,就能通过电话向用户的手机、邻居、居委会、公安机关监控平台自动报警。

邻里之间相互照应,发现可疑人员主动询问,注意自身安全。

青少年交友要慎重,不能有好面子心理,不要随便将生人带到家中。

雇佣保姆要找较可靠的人，要查验其身份证，并到派出所审报暂住户口。离开工资交结清，门锁钥匙要收回，最好换新门锁。

提醒爸爸妈妈不要随意在路边、小区及无人看守的地方乱停车，要将车辆停放在有专人看守的停车场，不仅为了交通安全，也是为了不给窃贼带来可乘之机。另外，不要将现金、贵重物品和提（挎）包放于车内；离开时检查一下车门、窗是否关好。

如果到拥挤的公共场所、乘坐公共汽车等，应将随身携带的现金、项链、手机等物品妥善保管，把包放在胸前；要保持警觉，注意观察身边周围人员；如果有同伴一起外出，要相互照应提醒。

2.发生盗窃后的注意事项

（1）发现家中被盗，应及时报警并保护现场，而不应急于清点财物损失而翻动现场。

（2）夜间遇到入室盗窃，可根据具体情况和自己的能力将盗贼制服，或报警求助。

防范盗窃最重要的就是不要有麻痹心理，提高警惕，不给窃贼留下可乘之机。另外，遇到窃贼要冷静机智，根据自身的实力采取应对措施，一定不要因一时冲动，导致自身伤害或防卫过当。

二、抢劫——他们是"梁山好汉"吗？

 案例

2010 年 10 月 6 日，某市警方破获了一个抢劫团伙案，3 名成员竟然都不到 16 岁。3 人辍学后沉溺于网吧，为了得到上网费用，结伴采取持刀恐吓、殴打等手段对路人进行抢劫，下手多在夜晚偏僻之处，对象以单身女性为主，短短 2 个月就作案十余次，其中一次还因受害人反抗，用刀将其捅成重伤。

 思考讨论

（1）《水浒传》是我国古代四大名著之一，大家读过吗？同学们来说说，实施抢劫的犯罪分子和梁山好汉有什么区别呢？

（2）如果你遇到歹徒抢劫，歹徒人多，比你个子高，而且手中还有凶器，你该怎么办呢？

知识加油站

抢劫是指以非法占有为目的，采用暴力、胁迫或者其他方法，强行劫取公私财物的行为。

1.大声呼救

如果遭到抢劫的地方人多，就要大声呼救，威慑劫匪，同时尽快报警。

2.保持镇定

在偏僻的地方遭到抢劫，或遭遇入室抢劫，如果无力抵抗，一定要保持镇定，即使放弃财物也要保证人身安全，然后再寻找机会逃脱并报警。

3.暗记特征

如果不幸被抢，要尽量记住劫匪的外貌、逃跑方向及所乘车辆特征和牌号等，以方便公案机关破案。

4. 一个人在家时要预防入室抢劫

（1）检查家里防盗门窗是否牢固。

（2）不要随便给陌生人开门。

（3）外出回家开防盗门时注意观察周围是否有人尾随，

开门后迅速关门。

(4)邻里之间要相互关照。

(5)不要在公开场合炫耀自己或家庭财富。

5. 外出预防拦路抢劫

(1)同学们如果年龄较小,缺乏防范能力,最好不要随身携带贵重物品和大额现金。

(2)夜间出去时,尽量结伴同行,注意周围是否有可疑的人跟随,另外,尽量不走行人稀少的偏僻地段,尽量不要携带贵重财物。

(3)如果你住校上学,爸爸妈妈留给你的生活费如果金额较大,最好采用汇款、转账的方式,而不要为了图方便,使用现金。

6. 旅行预防圈套抢劫

同学们年龄都较小,缺少社会经验,如果没有大人陪同,外出旅行时一定要注意以下几点。

(1)不要过于信任陌生人,透漏自己的行程、携带财物等信息。

(2)不要接受陌生人的东西,尤其是饮料、食物等。

(3)不要贪图小便宜而被坏人引诱。

(4)不要贪图便利随意搭乘陌生人的车。

(5)如果随爸爸妈妈一起驾车外出,遇到陌生人拦车时,不要轻易开门;停车后要提醒家长把车窗摇起,锁好车门。

7. 步行预防飞车抢劫

(1)不要在机动车道上,或靠近机动车道行走,挎包应放在内侧。

（2）注意观察周围环境，遇有摩托车载人，似无目的地低速慢行，长时间在自己身旁等情况，应提高警惕。

（3）看到可疑人员，可暂时进入商店、单位内等暂避。

（4）公共场所尽量不要戴贵重的首饰，手机等财物尽量不要暴露在外。

三、诈骗——不要被花言巧语迷惑

177

2012 年 5 月 23 日，某高校一女生收到短信："贵卡于 2012 年 5 月 23 日 12 时 05 分银联消费交易人民币 1000 元，如有疑问速电 027—62722223（工行）。"于是该女生拨打了短信提供的号码，对方称，可能有人盗用她的身份信息复制了一张信用卡，并让女生去报案，同时还提供了公安局的电话。在电话里"警察"说为了确保女生银行卡上钱款的安全，要她把所有钱转账到指定安全账号上。该女生转账后就再也联系不上所谓的警察了。此外，还有中奖、朋友来访、亲戚遭遇车祸、低价出售宝物等各种各样的诈骗手段。

实施诈骗的罪犯为什么会得逞？ 主要原因是受害人缺少必要的警惕性，或者被蝇头小利诱惑而逐步落入圈套。

使用欺诈方法骗取数额较大的公私财物称之为诈骗。犯罪分子往往使用虚构事实和隐瞒真相的形式，骗取受害者的信任，使被害人做出错误的行为，从而获得财物。由于诈骗过程一般不使用暴力，受害者如果防范意识不强，很容易上当。

要想预防诈骗，首先就要对诈骗的形式有充分的认识。

(1)犯罪分子往往采取伪装的形式，如熟人、老乡、朋友、中介介绍工作、买卖生意，或特殊身份，如能人、名人、警察

178

等,从而取得受害者的信任。

(2)欲擒故纵,以小利诱惑,如:意外中奖、捡钱平分、兑换外币、贱售宝物等。

(3)威胁恐吓,如告诉受害人涉嫌犯罪需协助调查、亲属突发疾病、遭遇车祸等。

此时,如果受害者思想单纯,不切实际,分辨能力差,遇事不冷静,疏于防范,或有虚荣心理,好贪小便宜,就很容上当受骗。

(1)不要轻信他人许诺的好处。

(2)遇事要冷静分析,即使自己确实参加了违法活动,也不要相信他人的恐吓利诱,如帮助减轻逃脱罪责,需要协助调查等等,而应该求助于正规的法律途径。

(3)有"老乡"、"同学"等联系,如果没有见面,不要轻易相信;如果见面确实是自己的熟人,也不能感情用事,或好面子,要仔细考虑对方的行为言语是否符合常理,是否有意吹嘘炫耀自己,如说有能力对你提供帮助等等。

(4)选择相信正规机构,如银行、法院、商检等,而不是轻信他人的描述和保证。

同学们,犯罪分子进行诈骗犯罪能够得逞,就是利用了人们辨识能力差、恐惧、侥幸、虚荣、贪利等心理特征,因此,

防范诈骗最重要的是遇事冷静,仔细考虑,注重分析,不贪便宜,相信世界上绝对没有天上掉下来的馅饼。只要大家做到这几点,骗子就一定不会得逞。

四、传销——击鼓传花的"游戏"

2007 年 5 月、7 月,山东省潍坊市、河北省保定市公安机关分别查获了某传销组织,其运作方式是加入者要每人购买一套"婷莱雅"品牌的化妆品(一大套 3900 元,一小套 2800 元)取得加入组织的资格,然后再以发展下线的销售业绩来获取提成报酬。至案发时,该传销组织已在山东、河北各地发展近万人,涉案金额高达 3000 多万元。

思考讨论

传销是以高额利润为诱饵，诱骗人们加入组织的，这点与诈骗有一定相似性。同学们不妨先来看看下面将要讲到的传销组织的特点和欺骗形式，再说一下你身边的亲属或熟人中是否有类似的情况呢？

知识加油站

传销是指组织者或者经营者发展人员，通常称为"下线"，然后再由其发展"下线"的"下线"，不断延伸，建立销售网络，被发展人员以其直接或者间接发展的人员数量或者销售业绩为依据计算和给付报酬，或者要求被发展人员以交纳一定费用，认购一定金额的商品为条件取得加入资格，并以此牟取非法利益。它就像"击鼓传花"的游戏一样，越往后的人，遭受损失的风险就越大。传销是扰乱经济秩序，影响社会稳定的违法行为。

传销的欺骗形式一般都在熟人之间进行，具有很高的隐蔽性，常见以下几种形式。

（1）先初步通过电话、聊天等形式试探情况，然后再投其所好，以高额利润为诱饵，劝说你加入传销。

（2）传销人员往往以亲情、友情为幌子，将亲戚、朋友、同学等作为首选的吸纳对象，利用他们不好意思驳熟人的面子等心理诱使其加入。

（3）传销组织通过喊口号、集中培训等形式，反复无休止

181

地灌输,对受骗者进行"精神控制",让他们从内心认为"钱途"一片光明。

(4)采用"消费联盟"、"互动营销"、"电子商务"、"资本运作"等一些新名词,制造噱头,营造出诱人的前景。

(5)让被骗者产生"捞点本"的心理,再去骗其他的下线。

(6)扣押受骗者的身份证等,有时还会采用暴力胁迫、限制人身自由等方式,使受骗者无法脱离传销组织。

(1)要树立"天上不会掉馅饼"的思想,明白好的收入要靠辛勤劳动得来。

(2)警惕所谓潜能培训、成功营销培训等提出的一些噱头,如"网络营销"、"资本运作"、"优化资本"、"电子商务"等。

(3)了解传销特征,如是否要交纳入会资格费,是否需发展下线,是否以直接或间接发展的下线的人数和销售业绩来计算报酬。

(4)注意辨识招聘信息的渠道来源是否正规;中介机构是否具有合法资质;国家有明确规定,企业招聘时不能向求职者收押金,或要求抵押身份证、毕业证等。

(5)发现异常迹象,要及时与亲人、老师联系,如无法联系,一定要设法让外界知道自己被限制自由。

同学们,如果你年龄较小,可能还不是传销组织感兴趣的对象,但你可以把自己对传销的了解告诉家里人,避免他

们上当。此外,如果周围的亲戚、熟人等有加入传销组织的迹象,要及时劝说制止,甚至报警处理。

五、绑架——你"生病"了吗?

2011年的一天,河北廊坊一名8岁女孩在上学路上被歹徒绑架后,机智应对,没有轻举妄动,而是暂时屈从了歹徒,假装乖巧,使歹徒放松了警惕。歹徒没有伤害她,而是将她一个人锁在郊区农村的机井房里。小女孩确认歹徒离开后,设法弄开了嘴上的胶带和手上的绳索,大声呼救,被附近村民发现报警后获救。随后,小女孩又向民警详细描述了歹徒的年龄、身材、口音,以及所开汽车的外观等信息,最后民警根据这些信息在绑架发生后仅仅10个小时就将歹徒一举抓获。

同学们，大家都来说一说，如果自己遇到了绑架会害怕吗？你会采取什么行动进行自救？

绑架是指以敲诈、勒索财物或者满足其他条件等为目的，非法实行暴力手段，劫持要挟人质或其他人的犯罪行为，常见的有牟利、实现政治目标、躲避追捕和报复他人等几种情况。

同学们，为了避免绑架的发生，应做到不和陌生人交谈，陌生人问路时切记不要上车带路，不轻易相信陌生人，不显现家中财富，不在半夜进酒店，不要离开自己的伙伴。不过，万一真的被绑架了，就应采取如下措施。

（1）沉着镇静，见机行事，争取拖延上车，设法吸引路人注意，寻找机会逃脱。

（2）被劫持后不仅应记住经过的道路、时间、声响，最好能沿路留下标记，还应争取记住歹徒的相貌特征、口音等；如被蒙住双眼，要尽量估算时间路途、转弯及方向，以便脱险后协助公安机关破案。

（3）要和歹徒斗智斗勇，哄骗装傻，争取同情和信任，麻痹歹徒；千万不要鲁莽地与之搏斗，或在四周无人时大声呼救,以免刺激歹徒,对自己造成伤害。

(4)要是歹徒给你饮食,一定要吃饱喝足充分睡眠,养精蓄锐,保持体力,才能有机会逃脱。

(5)如果歹徒让你给家人写信或打电话,要利用时机多透漏自己的位置信息;电话通话时要尽量拖延时间,以帮助警方确定你所在的位置。

(6)尽量隐瞒身份,同时要多听多看,观察环境,争取在现场学会留下标记,见机行事,设法报警或逃脱。

(7)应把歹徒稳住,拖的时间越长,获救的机会也就越多。

(8)如果歹徒有多人,要注意观察他们之间是否有矛盾,可以选择胆小、初犯,或有同情心的人交流,争取得到信任,然后伺机逃脱。

(9)遇到警方强攻解救,要主动配合,果断逃生。

(10)最后要提醒家长,如果孩子被绑架,要及时报案,并提供尽可能多的相关信息,与警方密切合作,按照警方的提示行动,不要自作主张。

185

六、拐卖人口——昧着良心的非法交易

 案例

2011 年 7 月 2 日，家住武汉的 16 岁少女小梅和同学一起逃学到外面闯世界，遇到社会青年阿刚，说带她们一起去吃香喝辣，并且找工作挣钱。两个女孩经不起诱惑，跟着阿刚踏上到外地的火车。没想到一到外地，她们就被送到发廊，搜走手机后限制了自由，然后被逼从事色情服务，半年后才在警方扫黄行动中被解救。

2012 年 9 月 9 日，家住贵阳三桥黄花街，年仅 4 岁的小宇在外面玩耍时被人贩子哄走拐到外地。第一个买主对人贩子说小宇可能有七八岁，年龄太大，养不熟，于是人贩子就让小宇在别人问他多大时回答"4 岁"。聪明的小宇明白了，如果说 4 岁就可能被陌生人带走，于是后面来了两拨人，小宇都自称有 6 岁了，结果这些人都嫌小宇年龄太大没有要。10 天过后，无可奈何的人贩子只好把小宇送回了家门口。

思考讨论

上面两个案例，大家都来说说小梅和同学为什么会被拐卖，而年仅4岁的小宇被拐卖后又为什么会回到亲人身边。

此外，同学们，人口贸易可算得上是历史悠久了，几千年前就有奴隶交易，殖民时代在美国有大批由非洲贩运而来的黑奴，那时候，人口就像货物一样，只要来源合法，交易就是合法的。大家有兴趣的话，可以查阅一下历史书籍，并且说说为什么现代社会不允许进行人口买卖。

知识加油站

拐卖人口就是以出卖为目的，使用暴力、胁迫或者其他方法绑架、收买、贩卖、接送、中转人口的行为。

专家引路

青少年遇事冲动，辨识能力差，首先应防止自己被拐卖。

(1)尊敬父母，家庭和睦，千万不要因为小矛盾动辄离家出走。

(2)不轻信主动与你结识的同行者的甜言蜜语，不要被小恩小惠，如食品、饮料或其他礼物迷惑；与不了解的人交往时要保持警惕，少喝酒。

(3)如果想要外出找工作，要到正规合法的中介机构，或通过信任的亲友介绍，切勿盲目轻信小广告和非法小报；不要轻信车站路边的拉客行为，要找正规的出租车或公交车。

187

(4)如果有不认识的人，自称老乡，可以介绍工作、帮忙找住宿等，或让你搭便车找亲友，千万不要轻信，更不要跟随其到陌生地方。

(5)保管好自己的身份证及其他重要文件，不要随便交给他人，包括雇主。

(6)不要向其他人透漏家庭、亲属和个人爱好等信息。

(7)交友要慎重，尤其应注意不要轻信网友，擅自外出与其会面。

(8)独自外出期间，要及时把联系方式告诉亲友，并向他们报平安；一旦遇到危险，则要尽快向公安民警和周围群众求助。

如果你带着更小的孩子玩耍或外出，则需注意防止小朋友被拐卖。

(1)不要让小朋友离开自己的视线范围让其单独玩耍，或者交给陌生人看管。

(2)带小朋友外出时要留意周围情况，是否有人、车跟随。

(3)偏僻人少的地方和人多拥挤的地方都要注意，防止小朋友被抢走或挤散。

(4)可以给小朋友身上佩戴写有家人联系信息的卡片等物品。

(5)如果是小婴儿，最好抱在胸前；如放在自行车后座上，则一定要系好安全带。

(6)不要把小婴儿交给不认识的医护人员。

(7)平常教小朋友除了要记住家人的电话号码外，还要学会遇事打110电话求助，辨认警察、军人等穿制服的人员。

(8)注意小朋友身上一些明显的体表特征。

（9）与邻居或同伴和睦相处，遇事才能彼此帮助照应。

（10）家里如果要请保姆，要通过正规机构或可信亲友介绍。

七、毒品——让你坠入深渊的"魔鬼"

不久前，南京警方破获了一起吸毒、贩毒案件，抓获的犯罪嫌疑人中年龄最小的是只有16岁的小海。小海在学校时成绩中等偏上，但特别爱打游戏。有一次，小海在网吧认识了一群"兄弟伙"，他们"潇洒"地吸着一种白色粉末，小海很是好奇，于是在"兄弟伙"的怂恿下尝了几口。虽然最开始小海觉得吸白粉并不舒服，但后来碍于面子，又和这些人在一起吸了几次。成瘾后，为了弄到吸毒的钱，小海先偷父母的钱，后来发展到抢同学的钱，还帮着"兄弟伙"出售毒品。在毒友为了庆祝生日"请客"时，小海与他们被警方一举抓获。

 **思考讨论**

请大家说说，什么是毒品？为什么青少年成为毒品危害的主要人群呢？如何才能避免毒品的诱惑呢？

青少年对知识接受快，眼界开阔，但辨识能力也差，常常因为无知轻信、贪慕虚荣、追求时髦、追求享受、追求刺激、逃避现实、寻求解脱、交友不慎、逆反心理等各种原因，很容易成为毒品犯罪猎取的对象。

 知识加油站

根据《中华人民共和国刑法》第 357 条规定，毒品是指鸦片、海洛因、甲基苯丙胺（冰毒）、吗啡、大麻、可卡因以及国家规定管制的其他能够使人形成瘾癖的麻醉药品和精神药品。广义上，毒品也包括可能使人上瘾，产生依赖性的烟酒等一些物品。

毒品有哪些危害呢？首先是会对人体产生严重的危害，导致各个系统功能衰退，发生严重疾病；其次，毒品可引起智力减退、思维能力丧失、记忆力严重下降，反应迟钝，甚至精神错乱，还使吸毒者容易死于意外事故，因此，与一般人比，他们的平均寿命比正常人短 10～25 年，死亡率高达 15 倍。毒品让吸毒者产生身体和精神上的依赖性，成瘾后一旦停止，就会出现戒断反应，带来极大的痛苦，尤其是精神依赖性难以消除，这是导致反复吸毒的主要原因。毒品在毁灭吸毒者时，同时也会让人丧失人性，诱发各种犯罪活动，对家庭和社会稳定带来巨大的威胁。

青少年要做到远离毒品,应做到以下几点。

(1)充分认识毒品的危害。

(2)提高自身辨识能力,不要听信所谓毒品无害、能解脱痛苦等谎言,也不要随意结交不知底细的社会人员。

(3)不要盲目崇拜社会上所谓的"大哥"、"老大"等人,也不要为了追求享受,寻求刺激而跟随这些人。

(4)树立正确的是非观,不要因为面子和哥们义气等理由沾染毒品。

(5)任何情况下都要珍惜自己,即使吸毒一次,也坚决不要有破罐破摔的心理,再吸第二次。

(6)用心去感受社会、家人、朋友的爱,即使家庭等出现大的变故,也不要失去生活的信心。

(7)发现有人吸毒,要及时报告公安机关,如果是自己的亲友,应加强劝阻。

191

1987 年 6 月 12 日至 26 日,在奥地利首都维也纳召开了由 138 个国家代表参加的"麻醉品滥用和非法贩运问题"联合国部长级会议,提出了"爱生命,不吸毒"的口号,并一致通过决议,确定每年 6 月 26 日为"国际禁毒日"。当年 12 月召开的第 42 届联合国大会又通过决议把每年的 6 月 26 日定为"禁止药物滥用和非法贩运国际日"。2011

年国际禁毒日的主题就是"青少年与合成毒品"。

大名鼎鼎的海洛因最早是在 1874 年由伦敦圣玛莉医院的化学家伟特（C. R Wright）为了寻找强效止痛药合成的，1897 年，德国拜尔药厂的化学家荷夫曼（Felix Hoffmann）又把它制成药物出售，并用来源于德文"英雄"（Heroisch）一词的海洛因（Heroin）注册了药品的名字，由于海洛因不仅具有神奇的镇痛、止咳等作用，对当时几乎各种疾病都有显著地减轻症状的效果，很快就风靡世界。直到 1910 年前后，人们才发现海洛因的危害，海洛因也由"英雄"变成了臭名昭著的毒品。

八、恐怖活动——假借信仰的名义行凶

案例

美国东部时间 2001 年 9 月 11 日上午（北京时间 9 月 11 日晚上）恐怖分子劫持了 4 架民航客机，并利用客机撞击了纽约世界贸易中心和华盛顿五角大楼。作为纽约地标性建筑的世界贸易中心双塔和周边的 6 座建筑被完全摧毁，美国国防部总部所在的五角大楼也被严重损毁。整个事件不仅导致了 2998 人遇难（包括 24 人下落不明），还直接改变了世界经济、政治局势，引发了其他地区的巨大动荡。

思考讨论

最近几年发生了哪些世界著名的恐怖事件？它们都有哪些共同点？恐怖主义者常常以反对外来干涉、维护宗教教义、文化传统，争取自由、权利等为借口，认为自己具有崇高的信仰，有些甚至不惜丢掉自己的生命发动自杀式袭击，他们能不能称为"英雄"呢？

知识加油站

中华人民共和国全国人大常委会第二十三次会议审议的《关于加强反恐怖工作有关问题的决定（草案）》规定："恐怖活动是指以制造社会恐慌、胁迫国家机关或者国际组织为目的，采取暴力、破坏、恐吓或者其他手段，造成或者意图造成人员伤亡、重大财产损失、公共设施损坏、社会秩序混乱等严重社会危害的行为。煽动、资助或者以其他方式协助实施上述活动的,也属于恐怖活动。"恐怖活动的形式多样,有爆炸、投毒、生物、劫持、化学及枪击等,近年来有在全球范围内迅速蔓延的严峻趋势。

(1)尽量不要到恐怖活动高发的地区旅游。

(2)发生炸弹袭击时要迅速躲避撤离。

(3)如果遇到枪击事件,要迅速卧倒,并利用周围的物体掩护。

(4)遭遇有毒气体袭击,要迅速转移到上风方向;来不及转移的,可就近寻找密闭性好的建筑物躲避,关严门窗,防止毒气进入房间;停留位置以背风处和外层门窗最少的地方为佳,有毒气体消散后打开下风方向门窗通风。

(5)遇到可疑生物恐怖袭击,要立即就医,并及时报告,接受隔离观察或治疗;涉事地区,也就是疫区居民应尽量少出门,同时还要注意预防媒介动物,如蚊子、跳蚤或鼠类对疾病的传播。

(6)具体的应对方法可以参考火灾、化学污染、传染病等相关章节。

同学们当中有不少人喜欢玩 CS 反恐精英这款游戏吧,现实世界中的恐怖活动远较游戏的情景复杂多样,可千万不要把恐怖活动简单地理解成就是警匪之间的对战,尤其是不要沉溺其中。

第八部分
现场急救篇

　　据报道,北京急救中心免费开办急救知识培训班,第一期44人中,20岁以下的仅有2人。而与此形成鲜明对照的是,欧美等发达国家社会及学校都非常重视急救知识普及工作,例如美国有规定10～16岁的青少年要接受1.5天的课程学习,主要内容是心肺复苏、外伤的处理;10岁以下的儿童可以参加8小时急救知识课程学习,主要内容也是心肺复苏知识。这也正是欧美国家意外伤害中死亡率较低的原因。现在生活节奏日益加快,各种危害学生生命安全的意外事故频繁发生。因此,青少年非常有必要学习一些急救常识。

一、急救概述——通向生命的桥梁

 案例

美国有一个叫阿伦·拉斯顿的青年,在 2003 年 4 月 26 日登山时掉入峡谷,右臂被巨石压住,他没有惊慌,在等待救援 5 天无望的情况下,镇定地利用随身携带的小刀将自己的右臂切断,清醒地为断臂扎上止血带,涂上抗菌药膏,饮用泉水后走出大山获救。阿伦的故事还被好莱坞拍成了电影《127 小时》,获得 6 项奥斯卡提名。

197

2012 年 12 月 7 日晚 6 时许,北京一辆 120 急救车因抢救途中无车让道,被堵在路上,3 千米车程走了 40 分钟,导致一名伤者在车上不幸身亡。

 思考讨论

有的同学说："我们还都是孩子，急救是成年人的事情，我们不用学。"大家说这种观点对吗？

前面我们讲到了各种各样的可能导致人员伤亡的灾害事故，对此，我们不仅要防患于未然，还要知道，一旦我们的身体遭受伤害后，最初的时间是急救的关键时刻，如能在事发现场得到正确的初步救护，就可为专业人员的到来及救治赢得时间。孩子们发生危险时，很多情况下成人都不在场，很显然，青少年也需要学习一定的救护知识，才能在最大程度上减小损害的后果，甚至挽救生命。

 知识加油站

同学们，在学习急救技能之前，让我们先来了解一点有关的人体生理常识。

1. 什么是现场急救

现场急救就是指当人员发生急症，或因自然灾害，生产、生活事故等原因受到伤害时,专业的医护人员到来之前,为防止病情恶化而在现场进行的急救措施。主要目的在于为专业医护人员的到来争取时间,抢救伤病员的生命,减轻他们的痛苦,并尽可能防止并发症和后遗症的发生。

2. 什么是人体的血液循环系统

血液循环系统是一个封闭的管道系统,就像大地上的交通网络一样,人们从食物中吸收的营养成分、吸入的氧气,以及代谢产生的"垃圾"都是通过它来运输的。心脏的不停跳动,为运输这些物质的"交通工具"——血液提供了动力。成人的血液约占体重的十三分之一,约 4000～5000 毫升。血液由红细胞、白细胞等各种血细胞以及血浆等成分组成,这些成分发挥着不同的生理功能。例如,红细胞像运载氧气的"小飞碟",白细胞则有一部分发挥了"警察"的作用,专门"抓"闯入人体的细菌、病毒等各种"犯罪分子",血浆则可以溶解很多营养物质。此外,根据红细胞表面抗原的不同,还可以将血液分为各种血型。如果因为创伤等各种原因,人体失血过多,运力不足,就会导致"交通瘫痪",这时就需要补充新的"交通工具",也就是输血,而输血的血型不对,又会发生溶血反应,导致"车毁人亡"。

3. 心脏是思考的器官吗

人们常说"心想",但大脑才是发挥思考、记忆、想象等功能的器官,心脏则像一台永不停止的水泵一样,为血管里的血液提供动力,流到全身各处,一旦停跳,循环也就停止了,就会导致全身各处缺血缺氧,尤其是脑细胞对缺氧非常敏感,4 分钟即开始出现损伤,10 分钟以上即导致不可逆伤害,如果抢救不及时,极易发生死亡,这也就是人们常说的"黄金4分钟",如果心跳停止的人身边的人能够在4分钟内施以援手,恰当的急救措施将为专业人员的到来赢得时间,大大增加病人生还的可能。因此,普通人掌握心肺复苏术对挽救病人的生命至关重要。

4．呼吸的功能是什么

人们通过口、鼻、气管将空气吸入肺,进入肺泡后与血液进行气体交换,氧气溶入血液被带到全身各处,而代谢产生的二氧化碳则由血液释放到肺泡,再通过呼吸道呼出体外。如果呼吸道被堵塞了,身体组织就不能获得足够的氧,同时也不能有效排出二氧化碳,也就是发生了窒息。如果呼吸道被完全堵塞,几分钟时间就可能导致死亡。

 专家引路

现场急救的简要程序

急救就是与死神赛跑。

(1)对现场做快速简单的评估,包括是否安全、是否还存在二次伤害的危险、受伤人数、伤情,以及对开展救护活动的有利和不利因素。

(2)迅速拨打急救和报警电话,记住要简要准确地说明事故地点和现场情况。

(3)检查伤员伤情,主要为意识是否清楚,呼吸道是否畅通,有无脉搏、心跳等循环异常情况,以及是否有大出血、受伤部位和程度等。

(4)采取正确的应急救护措施,如心肺复苏、骨折固定

等,详见下述各节内容。

你知道吗

　　美国断臂青年能够成功自救,与他们平时所受的训练是密切相关的。欧美等发达国家社会及学校都非常重视急救知识的普及,小学生即要参加心肺复苏等技术的学习,例如美国有规定 10～16 岁的青少年要接受 1.5 天的课程学习,主要内容是心肺复苏、外伤处理,10 岁以下的儿童可以参加 8 小时急救知识课程学习,主要内容是心肺复苏知识。

二、心肺复苏急救——让心脏跳动起来

张教授 61 岁,平时自觉身体健康,还在坚持工作,几年也没有到医院检查身体。1 个月前,他到上海出差,在机场突然捂着左胸前晕倒,周围的人急忙围上来,已经摸不到脉搏了。正当大家不知所措时,只见一个老外冲上前来,跪在张教授一旁,开始使劲地按压他的胸部,还间断地往张教授的嘴里吹气,并不时摸摸张教授的脖子。大约几分钟后,机场的医务人员赶来,给张教授做了心电图检查,并做了急救处理,随后张教授被送往附近的医院。据医生说,张教授得的是心肌梗塞,如果不是那个老外及时进行了心肺复苏,张教授很可能就再也不会醒来了。

思考讨论

同学们遇到此类情况知道该如何进行急救吗？ 是否做过类似的救援行为呢？ 当面临生命危难之时，我们如何才能实施正确而有效的应对措施呢？

知识加油站

同学们一听到心肺复苏,可能会认为:这么专业的名词,一定很难吧,其实,心肺复苏技术并不复杂。

心肺复苏(CPR)术,亦称基本生命支持(Basic Life Support,BLS),标准流程可概括为 ABC 三步:

1.(Assessment＋Airway) 判断意识是否存在,判断有无自主呼吸

通过拍肩、呼叫等方式判断病人的意识及反应。立即拨打 120 急救电话,但如病人为 8 岁以下儿童,则应先进行 1 分钟心肺复苏后再打急救电话求救。

将患者平卧于坚实的平面上,搬动时要注意避免扭曲加重骨折,尤其是脊柱脊髓的损伤。然后清除口腔异物,移开舌后坠,开放气道:最常用的方法是压额提颏法,施救者位于患者身体一侧,用一手掌小指侧(小鱼际)将患者前额向下压迫;同时用另一手食、中指并拢,将颏部的骨性部分提起,使得下颌向上抬起、头部后仰、此时,耳垂与下颌角的连线应垂直于病人仰卧平面,气道即可开放。

203

观察病人胸部起伏,耳朵贴近病人口鼻,在数秒内尽快判断有无呼吸。

2.(Breathing)口对口吹气进行人工呼吸

当病人呼吸突然停止时,可利用人工方法帮助其恢复,常用的方法为口对口吹气法:病人保持头后仰、下颌托起的姿势,张开口,捏住鼻孔,急救人员自己先深吸一口气,用自己的嘴严密包绕病人的嘴,用力吹气 1000 毫升,持续 2 秒,见到病人胸部扩张起来即可,然后放松鼻孔,使其胸部自然回缩。频率大约 10~12 次/分钟。如感觉到阻力较大,则可能为气道不通畅。

3.(Circulation)判断脉搏是否消失,进行胸外心脏按压

利用不超过 10 秒的时间检查颈动脉搏动情况,如果不能判断,应立即开始胸外心脏按压,具体方法如下。

解开病人衣服,在胸廓正中间有一块狭长的骨头,两侧连接排列肋骨者即为胸骨,急救人员站立或跪在病人的一侧,一侧手掌贴于胸骨下 1/3 交界处(也可依以下方法定位:以靠近病人下肢的手的中指沿病人肋缘下向内上移动至两侧肋缘交会处,即剑突,伸出食指与中指并排,另一手掌根置于此两指旁即可)。另一侧手掌根部置于手背上,两手上下重叠,手指与手掌翘起,两手手指交叉相扣,两肩正对患者胸骨上方,伸直两臂,肩、肘、腕关节成一直线,利用上身重量及肩、臂部力量冲击性垂直向下按压。按压深度应达 4~5 厘米,可根据患者体型灵活掌握,约为胸廓厚度的 1/3,随即放松,让胸部自行弹起,频率应达到 100 次/分钟。

专家引路

心肺复苏的注意事项

（1）挤压时，不宜使用暴力，避免幅度过大过猛；部位要准确，以避免胸骨、肋骨骨折，或者将食物从胃中挤出，进入气管。

（2）胸外心脏按压与口对口人工呼吸同时进行，按压与吹气比为30∶2。

（3）如果病人是小孩或体弱，需要调整按压力度。

（4）如可触到颈动脉搏动，自主呼吸恢复，面色转红，说明按压有效。

（5）切勿轻言放弃，只要施救者体力允许，就应将心肺复苏持续下去，直到专业急救人员到达现场。

205

拨打急救电话

抬高下巴检查呼吸

给患者吹两口气

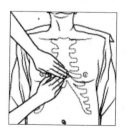

心脏按压的位置

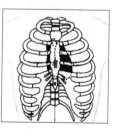

心脏按压图示

三、呼吸道异物急救——打通呼吸通道

 案例

豆豆是个2岁半的小男孩,长得虎头虎脑,特别可爱,豆豆家的亲戚都喜欢逗他玩。小姨给豆豆买了一套积木,可以搭成各种各样的东西,豆豆特别喜欢。一天,豆豆又在玩小姨买的积木,玩着玩着就把一块花生米大小的积木放进了嘴巴。突然,妈妈看到豆豆张着嘴巴,憋得满脸发紫,想哭又发不出声音,幸好隔壁住的林医生在豆豆家做客,急忙冲上前把豆豆脸向下放在自己的膝盖上,使劲拍他的背部,终于,豆豆咳了两下,从嘴里掉出了这块小积木,恢复了呼吸。

 思考讨论

(1)为了避免出现呼吸道被异物阻塞的情况,我们在

日常生活中应该注意些什么呢？

（2）要是只有你一个人的时候，吃东西被呛了，感觉呼吸困难，该怎么办？

（3）如果看到身边人发生危险，该怎么帮他们呢？

知识加油站

呼吸道被异物阻塞如果不能及时得到救治,窒息很快即可危及生命。那么呼吸道被异物阻塞时,有哪些表现呢？主要是剧烈咳嗽和反射性呕吐,声音嘶哑,不能清楚地说话;严重阻塞者,就会出现呼吸困难,面色青紫,儿童还可能表现为哭闹。有时进入呼吸道的异物很小,仅仅有咳嗽等反应,就容易延误诊治,导致气管炎、支气管扩张、肺不张及肺脓肿等并发症。

207

发生呼吸道异物阻塞往往来不及送医院抢救,因此,普通人掌握急救处理方法非常重要。

1.意识清楚时的自救

（1）咳嗽是人体的保护性反射,用力咳嗽有可能将异物咳出。

（2）一手握拳置于上腹部,脐上远离剑突位置,另一手握紧该拳,然后向内上方用力冲击。

（3）身体前倾,将上腹部压在桌角、椅背、栏杆等处,然后猛然向前倾压。

2．意识清楚时的他人救援

患者可站立或坐位前倾上身，救护者可站在其侧后方连续急促拍击肩胛区脊柱位置，或站在患者身后，双手环抱其腰部，一手握拳用拇指侧抵住其剑突下、肚脐上方的腹部，另一手压住握拳的手，用力快速向内上方挤压患者上腹部。

3．意识不清者时的他人救援

如果异物在呼吸道内形成活瓣，气体可能只能出不能进，肺内就会没有足够的气体量形成有效的咳嗽气流，这时，就需要借助外力的帮助，让呼吸道内产生强大气流。

腹部的强大压力可以在呼吸道内形成强大气流，当被救者昏迷时，可将其放为平卧位，施救者横跨其身体跪下，然后双手重叠置于患者上腹部（剑突下、肚脐稍上处），用力快速向内上方向挤压。如果是儿童发生意外，可让其俯卧趴在施救者腿上，头部下垂，手固定下巴部分，然后用力在两侧肩胛骨中间的地方向下拍击，从而使异物在重力作用下排出；或将其平放在施救者大腿上，头部要低于身体，然后用食指和中指猛压其下胸部（两乳头连线中点下方约一横指处），并可与拍背交替进行。

4．呼吸停止时的救援

对呼吸停止者，排出异物后应做口对口人工呼吸。

5．如何预防异物进入呼吸道

（1）儿童吃东西时，不要逗笑、惊吓，或使其啼哭。

（2）尽量不要给幼儿松子、豆类、葵花籽等食物。

（3）不要给幼儿体积很小的玩具，如纽扣、小塑料球，以防其放入口中。

（4）儿童患病时,要尽量服用液体、冲剂药物,如为胶囊、片剂,要将其溶于水中。

（5）平时要多教育儿童,告诉其不要随意把小物体放在口中,以防意外吸入气道。

上腹部倾压椅背

意识清楚患者的拍背

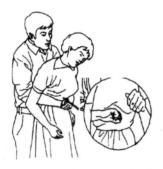

意识清楚患者的腹部手拳冲击

意识清楚患者的胸部手拳冲击

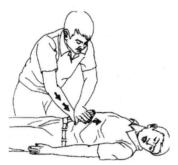

意识不清患者的腹部手拳冲击

意识不清患者的胸部手拳冲击

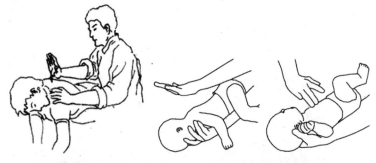

意识不清患者的拍背　　　　　　儿童呼吸道异物的处理

　　大家一定玩过在水里憋气的游戏吧,普通人大约只能坚持1分钟,有时可以达到2~3分钟。意大利人戴维·默里尼2011年5月14日在湖南张家界以20分55秒的成绩创造了新的水下憋气吉尼斯世界纪录。不过,如果没有经过特殊训练,同学们可千万不要模仿,因为身体一旦发生缺氧,就可能产生各种并发症及后遗症。

四、创伤急救——身体的"修复术"

案例

　　小李刚刚从大学建筑系毕业，到设计院工作，特别积极，常到工地查看。有一次工友们突然听到"啊"的一声，只见小李从 2 米高的脚手架上摔了下来，前额出血不止，左侧小腿也肿了起来，疼痛难忍。大家七手八脚地把小李抬到一块木板上送到了附近的医院。检查发现，除了前额的伤口外，左腿发生了骨折，并且错位很严重，医生说，是因为小李受伤后搬动方法不对，导致了骨折错位严重，需要手术才行，并且可能对今后的行走功能造成影响。

211

思考讨论

　　当遇到因车祸、生产事故等导致人员受伤事件时，该如何应对呢？

知识加油站

创伤就是机械因素施加于人体所导致的人体结构的破坏。创伤按照致伤原因可分为交通伤、坠落伤、锐器伤、机械伤、火器伤等;按照受伤组织或器官可分为软组织伤、骨关节伤和内脏创伤等;按照伤口是否和外界相通,又可以分为开放性损伤和闭合性损伤两类。

 专家引路

创伤急救的一般程序

创伤急救最主要的目的是挽救伤员的生命,因此,要根据伤情区分轻重缓急,决定抢救措施的先后顺序,一般情况下,可按照如下顺序进行处理:呼吸道阻塞窒息、心血管损害及严重外出血、腹腔及腹膜后创伤、颅脑脊髓创伤及广泛软组织创伤、泌尿生殖系统创伤、面部创伤、骨折、脱位、周围血管损伤、神经损伤、肌腱创伤、软组织创伤。下面,我们就来讲讲常见的创伤急救。

1.创伤后搬运

伤员应根据伤情直接搬运,或在现场进行初步处理后搬运转送,搬运时要注意采用正确的方法,尽量减少伤员痛苦,避免加重损伤。

（1）单人搬运

扶持法　　　　　　抱持法　　　　　　背负法

（2）双人搬运

椅托式　　　桥扛式　　　拉车式　　　平卧托运法

如能够有多人参与急救，可采用多人站在伤员同侧，或分列于两侧，平托搬运，以确保伤员稳定。

（3）简易工具搬运

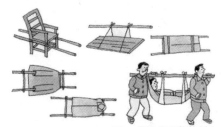

椅式搬运　　　　　　　　　（注：脊椎伤不能使用）

2.外伤出血的处理

外伤最大的危险就是出血，因此，止血是外伤急救最基本、最重要的内容。止血过程中，首先要区分出血的类型，然后再采取针对性的措施。

根据损伤血管类型可将出血分为动脉出血（颜色鲜红，

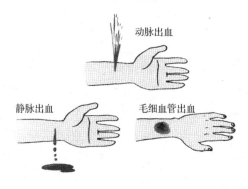

外伤出血

出血速度快,间歇喷射,频率与脉搏一致,自行止血困难)、静脉出血(颜色暗红,出血速度慢,呈持续性,如血管不大,常可自行止血)、毛细血管出血(颜色鲜红,出血呈缓慢渗出,多可自行止血)三类。

根据出血部位则可将出血分为皮下出血(常表现为局部青紫、肿胀等)、内出血(指血液流入身体内部,如脑出血、胸腔出血、腹腔出血等)、外出血(指血液流到身体以外)三类。

(1)失血的表现

①如果出血量达总血量的 20%,也就是 800～1000 毫升时,会出现头晕、脉搏快、出冷汗、肤色苍白、少尿等症状,此时如果测定血压,就可能低于正常值。

②如果出血量达总血量的 40%,也就是

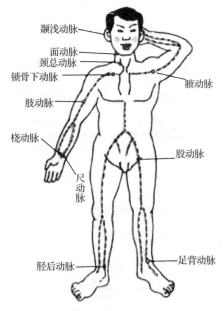

全身各处的压迫止血点

1600～2000毫升时，就会有生命危险。此时，往往延误几分钟时间就可能危及生命。因此，掌握止血的技巧，在急救过程中非常重要。

（2）止血的方法

外出血的处理可以概括为压、包、塞、捆4个字，而内出血则必须尽快到医院进行救治。

①压是最常用的方法，很多情况下，直接压迫伤口，或伤口临近区域即可止血。出血量大，难以止血的情况下，就需要把给出血区域供应血液的大动脉压在骨骼上，全身主要动脉压迫点如图所示。

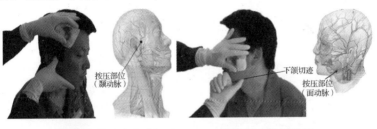

指压耳前颞浅动脉　　　　　指压下颌角面动脉

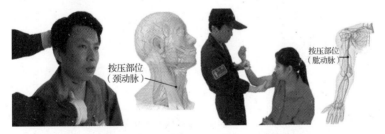

指压颈根、气管旁颈总动脉　　　　指压肱动脉

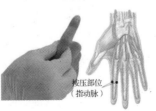

指压桡动脉及尺动脉　　　压迫手指两侧指动脉

指压大腿根部的股动脉

小腿出血，腘窝处用大拇指用力压迫即可止血

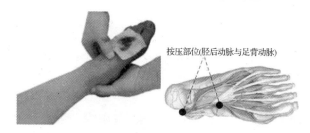

指压胫前动脉和胫后动脉

指压止血的部位与方法表

出血部位	供血血管	指压部位
前额、太阳穴	颞浅动脉	拇指压耳屏前1厘米稍上方处，压向颧弓根部
头顶头皮	耳后动脉	拇指压耳郭与乳突之间的凹陷处
枕部头皮	枕动脉	用4指压耳后与枕骨粗隆之间的凹陷处
颌面部	面动脉	下颌角前方1~2厘米动脉搏动处（双侧同时压迫）
颈部	颈总动脉	喉结向外旁开2厘米，动脉搏动处，用力向颈后压迫。此点非紧急时勿用，要避开气管，并禁止同时压迫双侧颈总动脉，以确保脑部血供。此外，如压迫位置高于环状软骨，可能压迫到颈动脉窦，引起血压下降

出血部位	供血血管	指压部位
肩部、腋下	锁骨下动脉	锁骨上方凹陷处,位于锁骨中内 1/3 处上方的凹陷处(锁骨上窝),将动脉压向深处第一肋骨上
肘关节以下	肱动脉	伤肢曲肘抬高,超过心脏,肱二头肌内侧沟肱动脉搏动处,将动脉压于肱骨上
手部	桡动脉 尺动脉	手腕横纹上方,内外侧搏动点(大拇指侧为桡动脉,小手指侧为尺动脉),应同时按压尺、桡动脉
手指(足趾)	指(趾)动脉	用拇、食指压迫手指(足趾)两侧根部
下肢出血	股动脉	拇指或掌根重叠按压伤肢腹股沟中点稍下方。股动脉较粗,且位置较深,因此需用力压迫
小腿	腘动脉	压迫腘窝处动脉搏动处
足部	胫前动脉 胫后动脉	压内外踝前连线中点足背动脉搏动处 压跟骨结节与内踝之间的动脉搏动处

②包扎是处理伤口最基本的步骤,包扎的松紧度和方法非常重要,太松达不到止血的目的,太紧又会影响组织的血液供应。此外,同学们可能认为,包扎用的纱布应该是经过消毒的无菌纱布。其实,现场救护并不要求包扎材料必须经过消毒处理,尽量清洁即可,更为重要的是尽快处理可能危及生命的出血。下图为现场急救常用的三角巾包扎法,依次分别为头部、眼部、前胸和腹部的包扎。

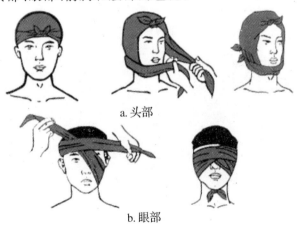

a. 头部

b. 眼部

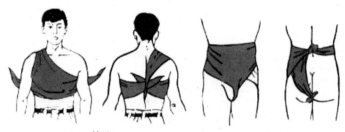

c.前胸　　　　　　　　　d. 腹部

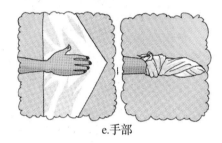

e.手部

三角巾包扎法

218

前臂包扎方法 1

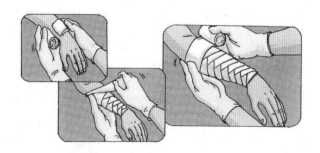

前臂包扎方法 2

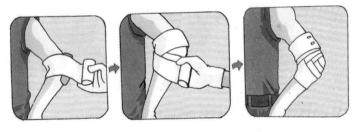

肘关节包扎

膝关节包扎

③塞：如果出血部位在固定的腔隙里，如鼻腔、创伤形成的腔隙等，即可使用填塞的方法止血，这时，也需衡量出血程度是否紧急到需要使用没有消毒的材料来填塞。此外，头部受伤后耳鼻口出血，盲目填塞还可能导致出血积于颅内，导致严重的并发症。

④捆：也就是捆止血带，主要用于四肢出血。

a. 止血带的位置如下：上臂为上 1/3 段，下肢则应在大腿上段。前臂和小腿都有两根平行的长骨，血管走行在其间，捆扎的方法难以达到止血的目的。

b. 如现场没有标准的止血带，可用绷带、手绢等替代，在捆扎部位环绕打结后，插入一短木棒后旋转绞紧，至不再大量出血为止。

c. 止血带与皮肤之间应适当衬垫毛巾、衣服等，尽量不要直接捆扎。

219

d.如果止血带捆扎过紧或时间过长,可能导致肢体组织缺血损伤,残疾,甚至诱发挤压综合征,危及生命;因此,在远端不再大量出血的情况下,止血带越松越好,此外,捆扎后每40～50分钟松开一次,总体上捆扎时间不要超过2～3小时。

e.伤员肢体离断后,如果计划进行再植手术,就应尽量不要使用止血带。

f.如伤员患有动脉硬化、糖尿病、肾脏病等疾病,也须慎用止血带。

g.松开止血带时动作要缓慢轻柔,不要突然全部松开。

h.不要使用细而无弹性的铁丝、绳索等物捆扎肢体止血。

3.骨折处理

骨折的表现:人体共有206块各种形状的骨骼,发生外伤或疾病时,如果导致了骨骼的完全、不完全断裂,骨骼丧失完整性或连续性,就是骨折。骨折主要表现为受伤部位疼痛、肿胀、青紫、形态改变、不能受力或活动,甚至断裂部位互相摩擦还能发出"骨擦音"。如果受伤处有伤口,骨折与外界相通,就是开放性骨折,反之则被称为闭合性骨折;此外,还可根据受伤部位、骨折程度、骨折形态、是否固定、骨折后的时间等进行专业上的分类,对医生进行治疗非常有意义。

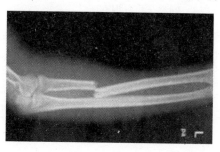

　　骨折的初步处理：如果事故现场没有骨科专业医师，常难以做到针对性的处理，此时，初步急救措施就非常重要了，延迟处理或措施不当，不仅可能加重损伤，还可能给患者带来后遗症，因此，青少年即使不是医学专业人员，也应掌握一定骨折急救措施。

　　(1)活动往往导致骨折或损伤加重，因此，发生骨折后最重要的是让受伤部位得到稳定，用绷带、夹板、书本、木棍等现场能够找到的材料固定受伤部位；如果出现变形，不可随意调整。

　　(2)上臂发生骨折时，可以固定在胸前，或用书本等作衬垫悬吊于颈部。

　　(3)下肢发生骨折时，除利用现场物品外，还可将受伤一侧下肢与健康一侧下肢并拢，然后绑扎在一起，以起到制动作用。

　　(4)四肢部位的骨折固定时，需要注意以下几点：①千万不要捆扎过紧，否则会阻断血流，导致受伤处发生缺血、坏死等严重问题。②固定的范围要包括受伤处的上下两关节。③如果是开放性骨折，首先要止血、包扎，后固定。④肢体与固定物之间，要用棉垫、布料保护。⑤固定的肢体末端要外露。

　　(5)脊柱发生骨折时，如果出现错位等情况，就可能损伤脊髓，导致瘫痪等严重后果。因此，应尽量不要搬动伤者，必须搬动时，要特别注意保持脊柱不活动；送往医院过程中，可将伤者平放在硬板上，进行固定。下图为不同部位骨折包扎固定的方法。

下颌骨

锁骨

上臂和肘关节

前臂和腕关节

手部骨折和脱位

肋骨

骨盆

①②③④为固定大腿骨折的顺序

大腿

膝关节

①②③④为固定小腿骨折的顺序

小腿

4.肢体离断伤的处理

当发生肢体完全离断时,要争取进行再植,再植成功与否与时间和保存方法有非常大的关系,一般在 6～8 个小时之内成功率较高。现场急救的措施如下:

(1)按照前述方法包扎伤口。

(2)将断肢用干净的毛巾包好后放入不透水的塑料袋,然后再装入放有冰块的容器中,注意要注明受伤者的姓名和时间。

(3)切勿因沾有泥土等自行随意清洗断肢,或直接将断肢放入冰中。

(4)患者及断肢要尽快送医,断肢缺血的时间越短,再植成功率越高。

五、溺水急救——从"沉睡"中苏醒

 案例

2012年1月8日,山西省长治市长治县郝家庄上郝村西塘,施工在地面形成大坑,积水后结冰,4名小学生和1名幼儿溜冰玩时不慎落入坑中溺水死亡。

2012年5月6日,安徽省铜陵职业技术学院和安徽工业职业技术学院的几名学生到铜陵县老洲乡太阳岛游玩,1名女生不慎落水,6名学生下水施救,结果发生了5人溺水死亡的悲剧。

职院学生溺水的援救现场

思考讨论

从以上事故中,同学们能得出什么教训呢?

知识加油站

落水的人如果吸入水、污泥,或其他杂质,不仅会直接堵塞呼吸道,还可能发生痉挛,导致窒息和缺氧。溺水后常见表现为面部青紫、肿胀,双眼充血,口吐白沫,四肢冰冷等情况,如果抢救不及时,就可能发生死亡。

专家引路

1. 立即想法救援

发现有人溺水时,如果不会游泳,要立即在现场寻找可漂浮物,如泡沫塑料、木板,或树枝、竹竿、绳索等抛给溺水者。

2. 保持呼吸

溺水者被救后,首先应确保呼吸道通畅,可取平卧体位,再设法清除口鼻中异物;如其已经昏迷,就应侧卧以防发生呕吐,呕吐物进入呼吸道造成新的阻塞。

3. "倒水"

排出溺水者呼吸道中的水及异物,可采取如下 3 种体位。

(1)溺水者背朝上、头下垂,施救者抱起其腰腹部。

(2)溺水者俯卧、头部下垂放在突出物体上,按压其背部。

(3)施救者半跪位,把溺水者放在自己的大腿上,按压其背部。

4. 心肺复苏

如溺水者呼吸心跳已经停止,应立即进行心肺复苏,恢复后也需要严密观察,防止专业救援人员到来之前再次发生呼吸心跳骤停。

 你能做什么

同学们,如果你们外出玩耍,一定要有自我保护意识,不要随意到江河、湖塘岸边和水井四周玩耍或者游泳。如果进行游泳训练或水上娱乐活动,要讲究秩序,不要拥挤打闹,最好有家长、老师带领;下水前要做好充分的准备活动,穿好救生衣。

如果你不会游泳,或游泳技能不佳时,看到有人落水,千万不要一时冲动下水救人,而应在岸上设法利用竹竿、绳子,或者漂浮物救人,同时大声呼救,以及拨打报警电话。如进入水中救人,要从其背后或水下接近,以防溺水者惊慌失措将施救者拖入水下发生溺水;施救者可设法让溺水者背对自己,从后面或侧面托住其腋窝或下巴,将其拖到岸上。

 你知道吗

我国 0～14 岁儿童意外伤害的发生率大约是 10%,其中有约 4% 致残,1% 发生死亡,占儿童总死亡的 50% 左右。2000～2005 年的统计显示,每年有约 3 万名 0～14 岁儿童溺水死亡,约占意外死亡的 60%,其中农村儿童是城市儿童的 5 倍。